Petit Paris

쁘띠 파리

초판 1쇄 발행 2022년 6월 15일

지은이 박영희, 윤유림

발행인 박성아
편집 김현신
디자인 the Cube
제작·경영 지원 유양현, 홍사여리

펴낸 곳 테라(TERRA)
주소 03908 서울시 마포구 월드컵북로 375, 2104호(상암동, DMC 이안상암1단지)
전화 02 332 6976
팩스 02 332 6978
이메일 terra@terrabooks.co.kr
인스타그램 terrabooks
등록 제2009-000244호
ISBN 978-89-94939-77-3 13980
값 17,000원

● 이 책에 실린 모든 글과 사진을 무단으로 복사·복제하는 것은 저작권자의 권리를 침해하는 것입니다.
● 잘못된 책은 구입하신 서점에서 바꾸어 드립니다.

ⓒ박영희 윤유림 2022
Printed in Korea

Petit Paris

쁘띠 파리

박영희 윤유림 지음

TERRA

prologue
파리의 한 지붕 두 가족

우리 두 가족은 파리의 한 아파트 윗집 아랫집에 4년째 둥지를 틀고
지내고 있는 이웃 사촌지간이다. 사랑하는 가족 그리고 친구들과 멀리 떨어져
해외살이를 한다는 건 사뭇 외로운 일인지라, 우리는 서로를 의지하며 끈끈하게
지내고 있다. 코로나19 바이러스 탓에 늘어난 집콕 생활도 두 가족이 함께
도와가며 공동육아를 한 덕분에 수월하게 지나갈 수 있었다. '가까운 이웃이 먼
사촌보다 낫다'라는 옛말을 제대로 실감한 날들이었다.
파리와의 첫 만남은 미혼 시절 설레는 맘을 안고 유럽 여행을 갔을 때였다. 그때만
해도 이토록 아름답고 낭만적인 도시에 정착해 살게 될 줄은 꿈에도 몰랐다고,
우리는 지금도 입버릇처럼 이야기한다. 파리에서 일을 하고 듬직하고 다정한
남편을 만난 것뿐 아니라, 이제는 토끼같이 예쁜 아이들까지 생겼다. 인생이란
참으로 어떻게 될지 알 수 없는 일의 연속인 것 같다.

세상 모든 엄마가 그렇듯이, 우리도 엄마 역할은 난생처음이라 출산
초기에는 서툴고 어려운 점이 많았다. 하물며 남편 다음으로 가장 큰 지원군인
친정엄마도 곁에 없는 채로 해외에서 홀로 육아를 해나가는 일은 정말이지
고달팠다. 육아용품은 어디에서 어떤 걸 사야 하는 건지, 아이가 아프면 어떻게
해야 하는 건지 몰라서 발을 동동 구르곤 했었다.

그러나 파리 생활과 육아에 점점 익숙해지면서 이제는 그때의 고생담도 웃으며 추억하는 이야깃거리가 되었다. 어쩌면 이런 투정마저 엄살일지 모른다는 생각도 한다. 그도 그럴 것이 우리가 사는 이곳은 바로 멋과 낭만의 도시 파리가 아닌가!

우리는 파리와 사랑에 빠져버렸다. 오래된 골목을 거닐다 우연히 발견한 멋진 편집숍에 들어가서 아이와 커플로 맞춰 입을 예쁜 옷을 골라보고, 누구에게든 활짝 열려 있는 갤러리에 불쑥 들어가서 새로운 아티스트의 작품을 감상하는 일, 노천카페에 앉아 커피 한 잔을 놓고 거리를 활보하는 패션 피플을 바라보는 일, 그러다가 멋쟁이 노부부를 볼 때면 '나도 나중에 남편과 저렇게 함께 늙어가야지'라고 꿈꾸게 되는 일……. 이 모든 행복은 이곳이 파리이기에 가능한 것이 아닐까.
파리와 사랑에 빠질 수밖에 없는 이유는 이 밖에도 너무나 많다. 재래시장과 슈퍼마켓에는 싱싱한 유기농 로컬 채소와 제철 과일이 가득하고 하늘은 일 년 내내 미세먼지 없이 새파랗다. 삶의 여유를 중시하는 프랑스이기에 남편과 아이들과 보내는 시간도 한국보다 월등히 많다. 아이들이 학업 스트레스 없이 바깥에서 맘껏 뛰놀며 창의적인 사고를 키워나갈 수 있다는 것도 장점이다.

파리에서 임신과 출산, 육아까지 씩씩하게 해나가며 파리에 대한 무한
애정을 뿜어내고 살아가던 우리에게 주변으로부터 많은 질문이 쏟아졌다. 파리의
추천 명소나 맛집에 대한 질문도 있었지만, 아이와 파리에 가면 어디에서 뭘 하면
좋을지, 후회 없이 알차게 쇼핑할 수 있는 노하우 같은 걸 묻는 사람도 많았다.
알려주고 싶은 것은 산더미였지만 SNS로는 일일이 답하기 어려웠다. 그래서
우리는 그동안 우리가 직접 보고, 듣고, 사면서 알아낸 갖가지 파리에 대한
정보를 아낌없이 담은 책을 만들어보자고 의기투합했다.
2019년 출간한 『비-하인드 파리』는 싱글들이 가기 좋은 파리의 비밀스러운
명소들을 소개했다면, 이번 책 『쁘띠 파리』에는 아이와 부모가 함께 즐길 수 있는
파리의 모든 것이 담겨 있다. 조금이라도 더 완성도 높은 책을 만들겠다는 일념
하나로 매일같이 아이들을 데리고 파리 곳곳의 박물관과 미술관, 공원, 상점 등을
돌아다닌 덕분에, 파리에 대한 우리의 애정 또한 한층 더 깊어졌다.

솔로로 즐기는 파리도 분명 매력적이지만, 아이와 함께라면 또 다른
즐거움을 지닌 파리를 발견할 수 있으리라 확신한다. 이 책을 읽는 독자들도
사랑하는 아이와 파리의 좁은 골목을 거닐며 귀여운 잡화점과 오래된 장난감
가게, 아름다운 그림책 서점을 만나는 즐거움을 느껴보면 좋겠다. 아이들을 위한
다양한 아뜰리에(워크숍) 프로그램이 있는 미술관과 박물관도 방문해보고,
시장에서 함께 물건을 고르는 소소한 행복도 느껴보길 바란다.
세상에서 가장 아름다운 도시 파리를, 세상에서 가장 사랑하는 아이와 찾아올
누군가를 위하여, 설레는 맘을 듬뿍 담아 이 책을 전한다.

2022년 6월
박영희, 윤유림

sommaire

Thème 1
: mode & beauté
유아동 패션·잡화·뷰티숍

Thème 2
: jouet
장난감 가게

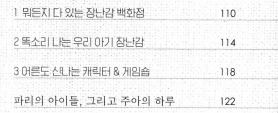

Thème 3
: livre
서점

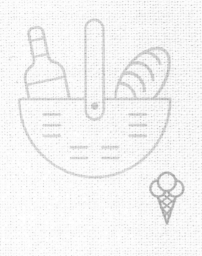

Thème 4

: pique-nique

피크닉

Thème 5

: art & musée

미술관 & 박물관

Thème 6

: day trip

근교 여행

Thème 7

: au marché

시장

à propos de PARIS

파리의 아홍디스멍 Arrondissements

파리는 도시 전체가 20개의 구(아홍디스멍)로 나뉘어 있다. 파리의 발상지인 시테 섬 서쪽과 루브르 박물관을 1구로 시작해 오른쪽 달팽이 모양으로 돌아가며 2구 구 증권거래소 주변, 3구 르 마레 주변, 4구 르 마레와 시테섬, 생루이섬 주변, 5구 팡테옹과 파리 식물원 주변, 6구 생제르망데프레 주변, 7구 에펠탑과 오르세 미술관 주변, 8구 개선문과 샹젤리제 거리, 18구 몽마르트르 언덕 등으로 이어진다. 주소 끝에 붙는 5자리 숫자 중 앞자리 '75'는 파리를, 마지막 두 자리는 구를 뜻한다(75007=7구).

17^e

CHAMP ÉLYSÉES
8^e

CHAILLOT

BOIS de BOULOGNE

16^e

7^e

PASSY

FAUBOURG SAINT-GERMAIN

BEAUGRENELLE

15^e

일러두기

- 프랑스어 발음은 현지인과 소통할 때 활용될 수 있도록 최대한 현지 발음에 가깝게 표기했으나, 우리에게 익숙하거나 이미 굳어진 지명과 인명, 관광지명, 상호 및 상품명은 국립국어원의 외래어 표기법 또는 관용적 표현을 따랐습니다.

- 일부 박물관과 미술관은 입장객 수 조절을 위해 인터넷 예매로만 입장권을 판매하는 곳이 있으며, 예매 수수료를 받기도 합니다. 이는 현지 상황에 따라 유동적이므로 방문 전에 홈페이지나 현지에서 다시 확인하는 것이 좋습니다.

- 이 책에 수록된 요금, 스케줄 등의 정보는 현지 사정에 따라 수시로 변동될 수 있습니다.

- 프랑스에서는 0세부터 시작해 각자 생일을 기준으로 1살씩 추가하는 '만 나이'를 사용하고 있습니다. 이 책에 수록된 나이 기준은 모두 만 나이입니다.

- 유아동·청소년이 요금 할인 또는 무료입장 등의 혜택을 받으려면 반드시 신분증을 지참해야 합니다.

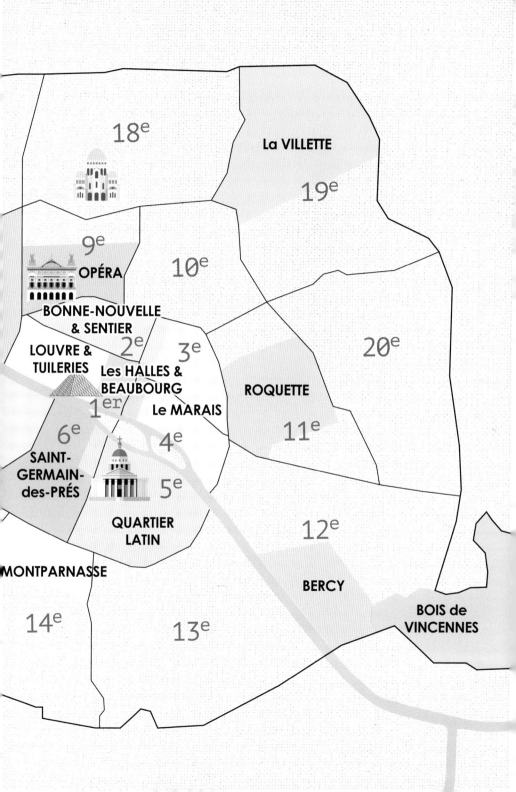

따로 또 같이, 파리에서

Temps solitude, Temps solidarité, à Paris

아이들을 유치원에 보내고 난 아침, 그리고 아이들을 재우고 난 뒤 찾아온 밤.
우리들은 파리의 자유 부인이 된다.
부모도 아이도 모두 행복하기 위해서는
엄마의 시간도 소중하다.

아침을 여는 파리의 카페

아이들 등원 준비로 바쁜 아침을 보내고 나면, 나의 발걸음은 빛이 예쁘게 들어오는 카페로 향한다.
아직은 한적한 오전의 카페에서 햇볕에 따스해지는 볼을 느끼며 커피 한 잔을 마시고, 글을 끄적이며
생각을 정리하고, 가판대에서 산 패션지를 읽는다.

파리의 카페 중에는 유난히 아침과 잘 어울리는 곳들이 있다.

유리 천장으로 햇볕이 쏟아지는 온실 같은 카페도 좋고, 상쾌한 아침 공기가 전해지는 야외 카페도 좋다.

일요일 오전, 남편들에게 아이를 맡겨두고 유림과 함께 즐기는 단골 카페의 에스프레소와

빵오쇼콜라도……. 나의 파리 생활은 카페를 빼고 이야기할 수 없다.

by 영희

슈퍼마켓 들르듯 미술관으로

파리에는 오르세 미술관이나 루브르 박물관처럼 꼭 가봐야 한다는 큰 미술관과 박물관이 많지만, 아이와 손잡고 편하게 둘러볼 수 있는 자그마한 갤러리도 많다. 무료입장인데다 부모와 아이가 함께 참여할 수 있는 프로그램도 많아서 더욱 그 문턱이 낮다.

예전의 내가 기호로 읽는 종교화나 자신만의 방식으로 빛을 다루는 인상주의 회화를 좋아했다면, 지금의 나는 현대미술에 더 관심이 많다. 파리에서 오래 지내며 갤러리를 자주 찾다 보니 자연스레 바뀐 취향이다.
파리에서는 슈퍼마켓 들르듯 갤러리에 갈 수 있다. 아무것도 사지 않고 구경만 하다가 나와도 마냥 즐겁고, 계단에 내려앉은 빛조차 하나의 작품 같은 곳. 파리의 갤러리는 언제나 부모와 아이를 향해 활짝 열려 있다.

by 유림

패션 in 파리

우중충하게 비가 오는 날일수록 나는 오히려 잘 다려진 흰 바지를 산뜻하게 꺼내
입는다. 그런 나를 보고 대학 때 친구 언니가 했던 말이 떠오른다.
"영희는 엄마가 세탁하시기 힘든 옷만 좋아해."
어릴 때부터 유난히 패션에 관심이 많았고, 패션 잡지를 읽을 때 엄청난 집중력을
발휘하는 내게 파리의 거리를 물들이는 멋진 화보와 패션 피플, 트렌디하면서 클래식한
느낌의 쇼윈도, 예술 서점에 들러 신중히 고른 패션 서적을 보는 일보다 더 흥분되는
일은 없다.
패션 디자이너 톰 포드 Tom Ford 가 한 말이 생각난다.
"패션이 별 게 아니라고 생각하는 사람들이 있겠지만 멋진 슈즈 한 켤레가 인생을
송두리째 바꿔줄 수 있을 것 같다는 느낌이 들 때가 있다. 살면서 그런 느낌은 매우
중요한 것이다."
패션의 도시 파리에 산다는 것은 그 자체로 경이롭다.

By 영희

해 질 무렵 센강 피크닉

낮에는 하늘이 내내 회색이었는데, 해 질 무렵부터 점차 파랗게 바뀌더니
황금빛 노을과 뒤엉켜 황홀한 풍경이 펼쳐졌다.
자, 이제 슬슬 밖으로 나가볼까? 오늘은 파리의 두 엄마가 남편들에게
아이 재우기를 부탁하고 생루이섬으로 피크닉을 떠나기로 한 날이다.

헌책 노점 부키니스트 Bouquinistes 들이 줄지어 늘어선 강변을 따라
중고 서적과 엽서를 구경하며 걷다 보면 어느덧 생루이섬에 다다른다.
일찍부터 곳곳에 자리를 잡은 파리지앙 틈에서 우리도 돗자리를 펴고,
집에서 각자 준비해온 샴페인과 크래커, 산딸기를 꺼낸다.
평화로운 센강변에서 즐기는 소박한 만찬. 파리에 사는 재미가
이런 거구나 싶다. 육퇴 후 우리만의 시간이 강물처럼 유유히 흘러간다.

by 영희

파리의 밤산책

나는 파리의 밤을 열렬히 사랑한다.
그것은 고향이나 연인을 향한
감정처럼 본능적이고 근원적이며
불가항력적인 사랑이다. 나는 밤을
바라보는 눈으로, 밤을 호흡하는
코로, 밤의 고요를 듣는 귀로, 밤의
애무를 느끼는 온몸의 촉각으로
파리의 밤을 사랑한다.

아이들이 고요히 잠든 시각,
영희 언니와 헤밍웨이가 즐겨 찾던
바에서 파리의 밤을 즐겨본다.
테이블마다 멋쟁이 파리지앙으로
가득한 이곳에선 여성이 칵테일을
시키면 장미꽃을 함께 준다.
좋아하는 사람과 함께 보내는 파리의
로맨틱한 미드나잇은 낮 동안
힘들었던 육아를 말끔히 잊게 해주는
마법 같은 시간이다.

by 유림

지극히 사적인 와인 모임

아이들을 재우고 나면 네 명의 육아 동지들이 슬금슬금 한집에 모인다. 언젠가부터 우리 모임의
주제는 와인 동호회로 바뀌었고, 이제는 와인 시음 노트까지 작성하는 생산적인 모임으로
발전했다. 육퇴 후 맛보는 한 잔의 와인보다 더 황홀한 게 세상에 또 있을까. 여름의 와인은
달콤하고, 겨울의 와인은 부드럽다.
밤이 깊어 새벽이 되었는데도 와인을 앞에 둔 우리들의 수다는 끊이지 않는다. 아침에 침대에서
일어나면 후회할 거라는 걸 뻔히 알면서도, 육아 동지들과의 와인 모임은 결코 멈출 수 없다.
가까이 있기에 더 좋은 사람들, 그래서 더 맛있는 와인.

by 영희 & 유림

나를 힘들게 하고, 또 행복하게 하는

Rond et Rond et Rond

고국을 떠나 타지에서 육아를 한다는 것은 힘든 일이다.
그럼에도 아이들이 밝고 건강하게 자라나는 모습을 바라보며 느끼는 보람은
언제나 그 모든 힘듦을 이기게 한다.
나를 힘들게 하고, 또 행복하게 하는, 아이라는 그 커다란 세계.

어딜 가나 네 생각뿐이네

현관 입구에 놓으면 좋을 것 같은 아기 의자 발견. 레아랑 이산이랑 이 의자에 꼭
붙어 앉아서 신발 신는 모습을 그려본다. 잠깐, 이 빨간 머리 인형은 레아가 정말
좋아하겠는 걸. 저 빨간 메리제인 슈즈는 올봄에 레아랑 커플로 신어야지.
아…… 나는 파리의 상점을 거닐 때도 사랑스러운 아이들 생각뿐이다.
레아야, 이산아, 엄마 아빠의 아이로 와줘서 정말 고마워.

by 영희

네가 이렇게 크다니

언제까지고 아기일 것만 같던 주아가 이제는 유모차 없이 씩씩하게 걸어서 지하철도 타고, 엄마와 나란히
브런치 카페에 앉아서 좋아하는 걸 스스로 먹을 수 있게 되었다. 나는 커피, 너는 주스. 나는 팬케이크,
너는 빵. 뭐라고 설명해야 하지? 이 행복함!
둘이서 연인처럼 팡테옹 광장을 거닐다가 <에밀리 인 파리>에 나온 에밀리의 동네를 둘러본다.
루브르 박물관에 가서 모나리자와 보티첼리도 감상한다. 주아는 승리의 여신상을 보고는 상어 같다는
평을 남기고, 성모상과 십자가 앞에서는 느닷없이 성호를 그어 나를 웃음 짓게 했다.
"주아야, 우리 나름 커플이다, 그치?" 내 물음에 주아가 대꾸했다.
"엄마…… 커플은 아니지. 그거랑 다르지."
나에게 언제나 커다란 행복을 선물해주는 너. 나의 귀여운 꼬마 데이트 메이트.

by 유림

우리, 바게트 사러 갈까?

주말 아침, "우리 빵 사러 갈까?"라는 말에 "빵 사면 여기 담아 오자."
라며 주아가 씩씩하게 가방을 메고 나섰다.
갓 구워낸 바게트는 그냥 뜯어먹어도 맛있고, 프랑스산 크림치즈 마담
로익을 발라서 아보카도와 토마토를 올려 먹어도 맛있고, 따뜻한
수프와 트러플 오일 그리고 와인을 곁들여도 환상적이다. 남은
바게트로는 바삭한 마늘 바게트를 만들어 먹는다.
주아는 바게트를 먹을 때 꼭 부드러운 부분만 떼어먹는다.
먹다 남은 바게트를 가방에 넣어 줬더니, 주아는 바게트가 잘 있는지
고개를 돌려 몇 번이고 확인했다.

by 유림

나란히 서서 바라보는 파리의 하늘

지붕 위로 예쁜 무지개가 뜬 어느 오후였다. 아이들과 발코니에서 무지개를 구경하며 따라 그리고 있는데,
외출했던 남편이 한걸음에 달려왔다.
"무지개 같이 보려고 왔어!"
후후. 우린 이미 보고 있었는걸…….
창밖으로 노랑, 분홍, 보라색 물감을 잔뜩 풀어놓은 것 같은 예쁜 하늘이 사라지고 나면, 이번엔 까만
밤이 달과 함께 찾아온다. 지붕 위로 손톱달이 고개를 내밀자 레아와 이산이가 "달님은 동그라미
아니야?"란다. 달님에게 인사하랬더니 "달님이 말도 해? 입이 없어서 말 못 할 거 같은데."란다.
아이들은 참 순수한 영혼이다. 이토록 아름다운 파리의 하늘을 아이들이 잠들기 전 함께 볼 수 있다는 것에
감사한 하루가 또 한 번 지나간다.

by 영희

크리스마스 파티

12월 파리의 거리는 온통 트리, 트리, 트리! 어딜 가든
흥겨운 크리스마스 분위기로 넘쳐나는 파리의 12월은
하루하루가 크리스마스다.
우리들의 크리스마스 이브는 이산이의 생일 파티와 함께
보낸다. 파리의 장난감 가게와 옷 가게를 돌아다니며
아이들의 선물을 고르고, 육아 동지들을 초대해 함께
나눠 먹을 맛있는 크리스마스 요리 레시피를 찾아보는
나날들. 크리스마스 파티를 준비하는 과정은 언제나
내 맘을 들뜨게 만든다.
올해 크리스마스 이브에도 우리는 예쁜 트리 앞에서
선물을 교환하는 아이들의 함박웃음을 볼 수 있었다.
엄마는 너희들의 웃음을 보는 것이 삶의 이유이고
행복이야. 부디 건강하게만 자라주렴. 아무렇지 않은
일상을 누린다는 것 자체가 기적이란다.

by 영희

Thème 1
: mode & beauté

열한 가지 유아동 패션·잡화·뷰티숍

아이와 파리의 골목을 거닐며 우연히 발견한 편집숍이나
아기자기한 가게들을 들여다보는 일은 언제나 짜릿하다.
특히 파리의 아이 옷 가게에는 아이와 부모가 멋진 시밀러룩을
완성할 수 있도록 디자인된 의류와 잡화가 가득 진열돼 있어서
엄마의 마음을 더욱 설레게 만든다.

Bonpoint

파리지앙이 찜한
유아동 전문 편집숍

멋 좀 아는 파리 엄마들은 모두 여기에!

Smallable | 스몰라블

가족 모두가 쇼핑을 즐길 수 있는 패밀리 콘셉트 스토어. 2008년 오픈했다. 신생아부터 청소년까지의 의류와 신발, 뷰티, 인테리어 제품은 물론이고, 엄마들을 위한 잡화와 가구에 이르기까지 다양한 제품군을 보유하고 있다. 우리나라뿐 아니라 파리지앙 사이에서도 인기 만점인 유모차 브랜드 부가부Bugaboo와 베이비젠Babyzen 제품도 만나볼 수 있는 곳. 온라인 스토어에서는 오프라인 매장에서 보지 못한 많은 브랜드 상품들을 더 다양하게 만나볼 수 있다.

à propos de
Smallable
**SAINT-GERMAIN-
des-PRÉS**
생제르망데프레

Tip

이곳의 상징은 단연 튼튼하고 예쁜 에코백이다. 파리의 상점들은 쇼핑 물품을 자체 제작한 에코백에 담아주곤 하는데, 이곳의 에코백은 멋쟁이 엄마들의 훈장 같은 존재라고 할 수 있다. 파리 시내를 거니는 엄마들의 어깨나 유모차를 유심히 보면 이곳의 에코백이 걸쳐져 있는 모습을 심심치 않게 볼 수 있다.

ADD 81 Rue du Cherche-Midi, 75006
OPEN 11:00~19:00(월요일 14:00~), 일요일 휴무
WALK 르 봉막셰에서 4분

METRO 10·12호선 Sèvres-Babylone 2번 출구에서 도보 7분
TEL 01 73 43 18 21
WEB fr.smallable.com

: mode & beauté

그때 그 아이 옷, 어디 거지?

Natalys | 나탈리

1953년 파리에서 문을 연 오래된 아동복 편집숍. 놀이터나 거리에서 마주친 프랑스 아이들의 예쁜 옷차림을 보고 어떻게 꾸몄는지 궁금할 땐 이곳에 가보면 된다. 다양한 브랜드의 0~8세용 옷과 잡화를 취급하고 있지만, 가장 주목할 건 역시 나탈리만의 개성이 담긴 오리지널 의류와 액세서리다. 빛바랜 파스텔톤과 작은 꽃무늬 패턴 장식이 돋보이는 같은 소재의 아이템으로 머리부터 발끝까지 멋진 룩을 완성할 수 있다.

à propos de
Natalys
**SAINT-GERMAIN-
des-PRÉS**
생제르망데프레

Tip

나탈리는 본래 출산용품 전문점으로 시작했기 때문에 출산용품도 빠짐없이 갖추고 있다. 임부복과 수유 브라부터 아기 침대, 이유식기, 장난감까지 출산용품에 관해서라면 그야말로 없는 게 없는 곳. 영국의 케이트 미들턴 왕세손빈이 아들을 출산하고 퇴원하면서 속싸개로 사용해 유명해진 영국 브랜드, 아덴아나이스aden + Anais 제품도 만나볼 수 있다.

ADD 74-76 Rue de Seine, 75006
OPEN 10:00~19:00, 일요일 휴무
WALK 뤽상부르 정원에서 3분 / 생제르
망데프레 성당에서 4분
METRO 10호선 Mabillon 1번 출구에
서 도보 5분
TEL 01 46 33 46 48
WEB www.natalys.com

: mode & beauté

16구를 대표하는 아이 옷 편집숍

Maralex | 마라렉스

파리에서 가장 잘나가는 파리지앙이 모여 사는 16구 파시 Passy에 자리
한 편집숍. 주요 타깃은 취학 아동으로, 새학기가 시작하는 9월에는 책
가방을 사려고 방문한 아이와 부모들의 발길이 끊이지 않는다. 중저가
브랜드는 물론, 겐조 키즈 Kenzo Kids, 골든 구스 키즈 Golden Goose Kids,
리틀 마크제이콥스 Little Marc Jacobs 마르니 키즈 Marni Kids 등 고가의
브랜드까지 골고루 셀렉트돼 있다. 1층은 신발과 액세서리, 2층은 의
류를 판매하며, 2층 한쪽에는 까다로운 취향의 16구 부모들을 위한 세
련된 의류와 잡화들이 진열돼 있다.

à propos de
Maralex
PASSY
파시

Tip

파시는 명품 의류 브랜드 막스마라 Maxmara, 은식기 끝판왕 크리
스토플 Christofle, 르 봉막셰 백화점 식품관 등 시내 중심가에 버금
갈 정도로 상권이 잘 조성된 지역이다. 쇼핑을 마치고 난 후 온몸
에 명품을 두른 16구 파리지앙의 세계를 들여다보는 재미도 놓치
지 말자.

ADD 1 Rue de la Pompe, 75116
OPEN 10:30~19:00, 일·월요일 휴무
WALK 샤이요 궁전에서 12분
METRO 9호선 La Muette 1번 출구에
서 도보 3분
TEL 09 81 20 78 79
WEB maralex-paris.com

감각적인 엄마들의
라이프스타일 편집숍 2

Fleux 33.90€
PORTE MANTEAU ZYON
MulticolMul

갖고 싶은 파리의 소품들
Fleux Paris ㅣ 플럭스 파리

'화려한 미니멀리즘'을 표방하며 2005년 건축가와 플로리스트가 함께 만든 편집숍. 파리의 최신 트렌드를 실시간으로 살펴볼 수 있어서 매장을 구경하는 것만으로도 파리 여행의 즐거움을 만끽할 수 있다. 퐁피두 센터 앞 마레 지구 초입에 첫 매장을 연 후 폭발적인 인기를 얻어 출점을 이어가며 현재 마레 지구에만 총 6개의 매장이 있다. 각 매장에서는 조명이나 가구, 오브제 등 인테리어 제품을 비롯해 주방용품, 패션잡화, 영유아용품 등 총 6가지 제품군을 볼 수 있다. 특히 장난감, 식기류, 가방, 옷 등 감각적인 디자인의 유아용품이 많아서 엄마들에게 인기가 높다. 아기자기하고 세련된 액세서리와 기념품도 충실한 편. 일요일에 문을 여는 것도 장점이다.

à propos de
Fleux Paris
Le MARAIS
르 마레

Tip

39번지 1호점 주변으로 개성 있는 5개의 매장이 밀집해 있어서 함께 둘러보기 좋다.

ADD 39 / 40 / 43 / 52 Rue Sainte-Croix de la Bretonnerie, 75004
OPEN 11:00~20:00(일요일 13:15~ 19:30)
WALK 퐁피두 센터에서 2분

METRO 11호선 Rambuteau 하나뿐인 출구에서 도보 5분
TEL 01 42 78 27 20
WEB www.fleux.com

아이 방 꾸미기 팁 대방출!

Baudou | 바두

클래식하고 세련된 디자인이 돋보이는 유아용품 편집숍. 조용하고 고급스러운 느낌이 물씬 풍기는 파리 6구와 7구의 분위기가 그대로 전해지는 곳이다. 주력 상품은 아이용 가구지만, 린넨 소재의 침구류나 조명, 인테리어 소품, 인형, 장난감 등 아이 방에 관련된 것이라면 A부터 Z까지 몽땅 진열돼 있어서 그저 구경만 하더라도 아이 방을 어떻게 꾸미면 좋을지 팁을 얻어갈 수 있다. 오래된 유럽 영화에서 볼법한 유모차와 커튼이 드리워진 아기 요람 등 넓은 매장 안에 보기 좋게 전시된 가구들이 눈을 즐겁게 하고, 제품 하나하나가 마치 예술 전시품과 같은 존재감을 뽐내는 이곳. 클래식한 분위기를 좋아한다면 반드시 가봐야 할 필수 코스다.

à propos de
Baudou

**FAUBOURG
SAINT-GERMAIN**
포부르 생제르망

> **Tip**
>
> 가구뿐 아니라 기저귀갈이대 커버나 아기 침대용 안전 커버 등 관련 소품의 품질도 뛰어나다.

ADD 7 Rue de Solferino 75007
OPEN 10:00~19:00, 일요일 휴무
WALK 오르세 미술관에서 3분
METRO 12호선 Solferino 2번 출구에
서 도보 3분
TEL 01 45 55 42 79
WEB www.baudoumeuble.fr

: mode & beauté

3

아이가 더 좋아하는
귀요미 편집숍

아이들의 잡동사니 천국

Le Petit Souk | 르 쁘띠 수

아이들의 호기심을 유발하는 깜찍한 잡화들이 한데 모인 편집숍.
2005년 프랑스 북부의 작은 도시 릴Lille에 첫 번째 매장을 오픈한 이
래, 프랑스 전역에 40개 이상의 매장을 보유한 인기 편집숍이 되었다.
파스텔톤의 화사한 색감과 빈티지 진열장 등으로 꾸며진 매장 안은 어
디에 시선을 두어야 할 지 모를 정도로 온갖 잡화로 가득해서 프랑스
어로 '난장판이군!'이라는 뜻의 'Quel bazar!(껠 바자)'라는 말이 절로
나온다. 젖병이나 수유등 같은 출산용품부터 장식품, 액세서리, 인형,
장난감, 식기류에 이르기까지 별별 잡화들이 난데없이 툭툭 튀어나와
지루할 틈이 없는 곳. 엄마보다 아이가 더 눈을 반짝이며 구경하는 가
게이므로 지갑을 두둑이 채워가야 한다.

à propos de
Le Petit Souk
Le MARAIS
르 마레

Tip

이 책에서 소개한 마레 지구 지점 외에도 파리 시내에 9곳의 매장
이 있다. 가까운 곳에 있는 매장부터 방문해보자.

ADD 50 Rue de la Verrerie, 75004
OPEN 10:30~19:30(월요일 11:00~,
일요일 14:00~)
WALK 파리 시청사 또는 퐁피두 센터에
서 각각 2분

METRO 1·11호선 Hôtel de Ville 2번 출
구에서 도보 2분
TEL 01 42 77 23 78
WEB lepetitsouk.fr

작은 구멍가게 같지만 있을 건 다 있는

Carrousel Mozart

| 꺄후셀 모자흐

감각적인 쇼윈도 장식이 발길을 멈추게 만드는 편집숍. 눈썰미 좋은 주인이 엄선한 제품들은 하나같이 사랑스러워서 갈 때마다 뭔가 하나라도 손에 쥐고 나올 수밖에 없는 곳이다. 아이가 애착 인형을 잃어버리고 속상해할 때, 운동화가 비에 젖어서 당장 내일부터 신길 신발이 필요할 때 등 위급 상황에서도 언제든 달려가서 맘에 드는 물건을 고를 수 있는 곳이 바로 꺄후셀 모자흐다. 엄마와 아이가 함께 신는 메리제인 커플 슈즈로 유명한 에흐모실라 파리 Hermosilla Paris, 프랑스의 여성 액세서리 브랜드 뱅글업 Bangle Up 등 아이뿐 아니라 엄마가 반길 만한 패션 아이템도 많다.

à propos de
Carrousel Mozart
PASSY
파시

Tip

인형을 좋아하는 아이라면 프랑스의 인기 애착 인형 브랜드인 젤리캣 Jellycat 을 추천한다.

ADD 67 Avenue Mozart, 75016
OPEN 10:00~19:00, 일·월요일 휴무
WALK 마르모탕 모네 미술관에서 10분
METRO 9호선 Ranelagh 2번 출구에서
도보 3분
TEL 09 82 30 48 83
INSTAGRAM carrouselmozart

: mode & beauté

4

아가 냄새 폴폴~
출산용품 전문숍

소중한 우리 아기를 위한 첫 쇼핑

Tartine et Chocolat

| 딱띤 에 쇼콜라

곧 태어날 아기가 있다면 강력 추천하는 브랜드. '구운 바게트와 초콜릿'을 뜻하는 가게 이름처럼 파리 느낌이 물씬 나는 디자인과 고급 원단을 사용한 출산용품, 유아동 의류와 잡화를 판매한다. 원색보다는 네이비, 베이지, 화이트 색상을 많이 사용하며, 바디수트, 잠옷, 양말, 보닛, 장난감으로 구성된 출산 선물 세트, 아기 이름을 새길 수 있는 캐시미어 담요, 아기들이 만지작거리며 놀기 좋은 토끼 귀가 달린 유기농 순면 이불이 인기 품목이다. 신생아용품 외에도 14세까지를 대상으로 한 아동복과 잡화를 취급한다. 한국에도 동명의 브랜드가 있지만, 상표권만 같고 스타일이 다르다.

à propos de
Tartine et Chocolat
**FAUBOURG
SAINT-GERMAIN**
포부르 생제르망

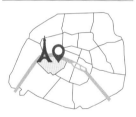

Tip

1987년 지방시와 협업하여 출시한 최초의 아기용 향수, 쁘띠상봉 Ptisenbon 컬렉션은 오직 딱띤 에 쇼콜라에서만 만나볼 수 있는 특별한 아이템이다.

ADD 266 Boulevard Saint-Germain, 75007
OPEN 11:00~19:00, 일요일 휴무
WALK 오르세 미술관에서 5분

METRO 12호선 Solferino 2번 출구에서 도보 3분
TEL 01 45 56 10 45
WEB tartine-et-chocolat.com

ADD 11 Boulevard Poissonnière, 75002
OPEN 10:00~19:00(목요일 10:00~ 13:00, 14:00~18:00), 일요일 휴무
WALK 오페라 가르니에에서 15분
METRO 8·9호선 Grands Boulevards 5번 출구에서 도보 1분
TEL 01 40 39 90 71
WEB www.aubert.com

파리의 유일무이한 출산용품 대형 매장

Aubert | 오베흐

대중적인 브랜드의 출산용품을 한자리에서 비교하며 쇼핑할 수 있는 대형 매장. 마치 코엑스의 베이비페어 전시회장 한쪽을 떼어낸 듯한 분위기다. 1층에는 베이비 캠과 애착 인형, 젖병, 쪽쪽이, 이유식 준비물 등 자잘한 잡화가 진열돼 있고, 2층에는 유모차, 욕조, 아기 의자, 아기 침대 등 크기가 큰 제품 위주로 놓여 있다. 지하에서는 임산부를 위한 속옷과 아기 옷을 판매하지만, 디자인이나 소재가 그리 뛰어난 편은 아니므로 추천하지 않는다. 매장에서 쿠드푸스 Coup de Pouce 카드를 만들면 구매 금액의 10%를 적립해서 다음에 사용할 수 있다.

à propos de
Aubert

BONNE-NOUVELLE & SENTIER

본느누벨르 & 상티에

Tip

'데스토꺄즈 Déstockage(재고 떨이)'라고 적힌 매대를 잘 살펴보자. 수량이 얼마 남지 않은 물건만 모아서 저렴한 가격으로 판매하기 때문에 득템할 확률이 높다.

가볍고 편한 휴대용 유모차의 정석

Babyzen | 베이비젠

프랑스의 국민 유모차 브랜드. 초경량 접이식 휴대용 유모차 요요yoyo
가 대표 제품이다. 파리는 서울의 6분의 1 크기에 불과한 데다 유모차
를 가지고 버스나 지하철을 이용하는 것이 어렵지 않은 도시라서 쉽게
접었다 펼 수 있고 어깨에 둘러멜 수도 있는 요요의 인기는 언제나 식
을 줄 모른다. 휴대용이지만 푹신한 패드를 장착하면 신생아부터 사용
할 수 있다는 것도 장점. 엄마들의 취향을 다양하게 반영한 컬러도 예
쁘고 다양하다.

à propos de
Babyzen
Le MARAIS
르 마레

Tip

한국에서 사는 것보다 조금 더 저렴하기 때문에 파리에서 구매 후
사용하다가 가지고 돌아가는 것도 좋은 방법이다. 콤팩트한 사이
즈와 무게로 기내 반입도 가능하다.

ADD 18 Boulevard des Filles du
Calvaire, 75011
OPEN 10:00~19:00(월요일 13:00~),
일요일 휴무
WALK 피카소 미술관에서 8분

METRO 8호선 Saint-Sebastien-
Froissart 2번 출구에서 도보 2분
TEL 01 40 27 03 83
WEB www.babyzen.com

파리의 육아템 트렌드를 한눈에!

WOMB | 움

3세 이하 영유아를 대상으로 한 파리 중심부의 콘셉트 스토어. 파리의 트렌드를 한눈에 읽을 수 있는 마레 지구의 유명 편집숍 메르시Merci 의 어린이 버전이라고 볼 수 있다. 100평 규모의 널찍한 2층 건물에 다양한 출산 준비물과 의류, 잡화, 장난감, 가구 등이 진열돼 있으며, 대중적인 제품부터 소규모 크리에이터의 아이템까지 총 250개 브랜드를 취급한다. 주목할 브랜드로는 북유럽의 유아용품 브랜드 리우드 Liewood, 스페인의 오가닉 브랜드 노보디노Nobodinoz 등이 있다. 지상 2층에는 한국에서도 유명한 베이비젠Babyzen, 시벡스Cybex, 부가부 Bugaboo의 유모차와 카시트 전용 쇼룸이 있어서 옵션까지 비교해가며 제품을 고르기 좋다.

à propos de
WOMB

**BONNE-NOUVELLE
& SENTIER**
본느누벨르 & 상티에

> Tip
>
> 쇼핑 후에는 카페가 즐비한 쁘띠 까호 거리Rue des Petit Carreaux 를 산책해보자. 몽또흐게유 거리Rue Montorgueil를 지나 남쪽으로 걷다 보면 젊은 파리지앙이 즐겨 찾는 상점과 카페가 밀집한 레알 Les Halles이 이어진다.

ADD 93 Rue Réaumur, 75002
OPEN 11:00~19:00, 일요일 휴무
WALK 팔레 루아얄 후문(북쪽 입구)에
서 10분
METRO 3호선 Sentier 1번 출구에서 도
보 2분
TEL 01 42 36 36 37
WEB www.wombconcept.com

파리에서 두 아이를 키우며 '내 돈 내 산'으로 써본 육아용품 중
가장 추천할 만한 제품들을 골라봤다.
대부분 프랑스를 비롯한 유럽 국가들의 브랜드지만,
한국에서 쉽게 구매할 수 있는 제품도 있다.

레아 & 이산
엄마's Pick

추천
육아
용품

BabyBjörn
베이비본 변기 커버

프랑스 엄마들 사이에서도 인기인 스웨덴
브랜드 베이비본의 유아용 변기 커버. 일
반 변기와 비슷한 심플한 디자인이며, 튼
튼하고 안정적으로 고정된다. 기저귀를 막
떼고 난 후 사용하기 좋은 제품.

Carré de Coton Bébé
유아용 순면 사각 패드

아기 엉덩이를 닦을 때 유용한 순면 건티슈. 가제 손수건
대신 간단히 물만 묻혀 편리하게, 화학성분이 첨가된 물
티슈 대용으로 더 안전하고 건강하게 사용할 수 있다. 베
이비 전용이라 감촉이 부드러워서 아기 피부에도 무리가
없다. 1팩에 150~200개가 들어있어서 두고두고 쓸 수
있다.

기저귀 발진 치료제로 워낙 유명한 프
랑스 국민 연고 Pommade. 조금만 발라도
바로 낫기 때문에 매우 유용하다.

Bepanthen
비판텐 연고

HiPP

힙 퓨레 과일 이유식

독일의 대표적인 이유식 브랜드 힙에서 만든 유기농 과일 퓨레. 식품첨가물이
들어 있지 않아서 안심하고 먹일 수 있고, 여러 가지 맛의 과일이 블렌딩되어
있어서 이유식 단계가 끝난 아이도 반기는 간식. 외출 시 간편하게 휴대할 수
있는 것도 장점이다. 개월 수마다 과일의 종류나 크기가 다르다.

Bugaboo Bee5
부가부 비5 유모차

디럭스와 휴대용 유모차의 장점을 모두 갖춘 절충형
유모차. 휴대하기에 불편함이 없으면서 안정적이기
때문에 외출 시 유용하다. 유모차 뒤에 의자를 연결
할 수 있어서 두 명까지 탑승할 수 있고, 의자의 엉덩
이 부분을 분리시킨 다음 서서 탈 수도 있다.

Béaba
베아바 이유식 스푼 & 용기

이유식이나 간식을 먹일 때 유용한 프랑스산
식기. 접시 바닥을 실리콘으로 처리해 접시를
떨어뜨리거나 음식물을 흘리지 않게 돕는다.
둥글고 부드러운 실리콘 스푼은 젖꼭지를 막
뗀 아이 입에 꼭 맞는다. 친환경 재질이며 세
척도 간편하다.

Kiri
끼리 구떼

프랑스산 치즈와 막대 과자가 함께 들어 있는
간식. 달지 않고 담백한 맛이어서 초콜릿이나
사탕 대용으로 좋다. 과자에 치즈를 찍어 먹는
재미도 느낄 수 있다.

Danone
다농 '제흐베 르 쁘띠 스위스'

프랑스 식품 기업 다농에서 만든 디저트용 치즈, 제흐베 르 쁘띠 스위스 Gervais 'Le Petit Suisse. 요거트처럼 떠먹을 수 있고 인공 향료와 색소, 방부제 등이 첨가돼 있지 않다. 영양과 맛이 좋고 양도 적당하다. 과일이 들어 있는 제품도 인기.

Poilâne
푸알란 숟가락 모양 과자

파리의 전설적인 제과점 체인 푸알란에 가면 맛볼 수 있는 사브레 과자. 맛도 좋지만 숟가락 모양이라는 점이 아이들의 호기심을 자극한다. 포크 모양도 있다. 푸알란의 대표 상품은 천연효모로 빚은 시골 빵 미쉬Miche와 사과 타르트Tarte aux Pommes 이며, 파리의 대형 슈퍼마켓에 바게트나 크루아상 등을 납품하기도 한다.

Banwood
밴우드 밸런스 자전거

3~5세의 프랑스 아이들이 두발자전거를 타기 전 연습용으로 즐겨 타는 자전거. 페달 대신 발을 굴려 전진하기 때문에 균형 감각을 키우는 데 효과적이다.

5

파리를 대표하는
아동복 브랜드

Petit-Bateau | 쁘띠바또

120년 역사의 프랑스 국민 아동복 브랜드. '작은 배'라는 뜻의 브랜드 이름처럼 귀여운 배 모양이 상징이다. 신생아부터 18세까지를 대상으로 한 의류와 신발 등은 대체로 스트라이프 패턴의 심플한 디자인이 특징이며, 원단이 뛰어나고 실용적이라는 평가를 받는다. 특히 신생아용 옷은 봉제 부분을 평평하게 하는 플랫심Flat Seam 기법을 사용하여 더욱 착용감이 좋다. 쁘띠바또의 아기 속옷은 기저귀를 뗀 후 첫 속옷으로도 애용되는데, 소재가 부드럽고 신축성이 좋으며, 이물질이 묻어도 세탁이 잘 된다는 강점이 있다. 그 외 실용적이고 예쁜 레인코트도 스테디셀러 중 하나다. 비가 오는 날이면 어디서든 쁘띠바또의 레인코트를 입은 파리의 아이들을 볼 수 있다.

à propos de
Petit-Bateau

SAINT-GERMAIN-des-PRÉS
생제르망데프레

Tip

우리나라에서는 쉽게 구하기 어려운, 엄마들을 위한 옷과 속옷도 다양하게 만나볼 수 있다.

ADD 53 bis Rue de Sèvres, 75006
OPEN 10:00~19:30(토요일 ~20:00, 일요일 11:00~19:00)
WALK 르 봉막셰에서 1분

METRO 10·12호선 Sèvres-Babylone 2번 출구에서 도보 3분
TEL 01 45 49 48 38
WEB petit-bateau.fr

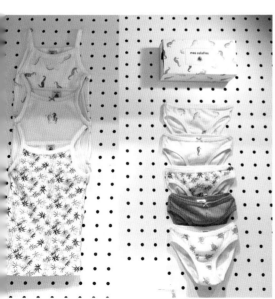

: mode & beauté

파리의 컬러를 담은 유아동 브랜드

Bonton | 봉통

쁘띠바또에 이어 프랑스를 대표하는 아동복 브랜드. 신생아용품부터
옷, 액세서리, 장난감, 유아용 가구, 파티용품까지 아이에게 필요한 물
품이 총망라돼 있으며, 의류의 품질이 좋고 디자인이 예쁘기로 유명하
다. 마레 지구 매장은 파리 시내의 여러 매장 중 대표적인 곳으로, 지하
1층부터 지상 2층까지 넓게 구성돼 있다. 어린이 전문 헤어숍이 별도
로 마련된 곳도 이곳 매장만의 특징. 1층에는 아이와 기념사진을 찍을
수 있는 즉석 사진 자판기도 있다.

à propos de
Bonton
Le MARAIS
르 마레

Tip

헤어숍 예약은 인터넷으로 가능하며, 홈페이지 하단의 가위 그림
에서 'Prendre rendez-vous'를 클릭하면 예약 시간표와 금액대
를 알 수 있다. 비용은 아동의 나이에 따라 17~37€이며, 성인도
이용할 수 있다.

ADD 5 Boulevard des Filles du
Calvaire, 75003
OPEN 10:00~19:00, 일요일 휴무
WALK 피카소 미술관에서 7분
METRO 8호선 Saint-Sébastien-
Froissart 1번 출구에서 도보 2분
TEL 01 42 72 34 69
WEB bonton.fr

: mode & beauté

6

마니아층에게 사랑받는
로컬 패션 브랜드

입가에 미소가 저절로 번지는 곳

Marie Puce | 마히 퓨쓰

2003년 파리에 사는 두 자매가 만든 아동복 브랜드. 영국 패브릭 브랜드 리버티Liberty의 고급원단과 순면 소재를 사용하여 유럽 내 공방에서만 제작된 뛰어난 품질의 의류를 선보인다. 꽃이나 페이즐리 무늬가 프린트된 부드러운 감촉의 블라우스와 팬츠, 스커트 등은 하나같이 귀엽고 특색 있다. 디자인도 예쁘지만 편한 소재와 착용감 덕분에 아이들도 선호하는 브랜드이기도 하다. 같은 패턴의 엄마 옷도 판매하므로 아이와 함께 코디를 하기에도 좋은 곳. 의류와 신발은 주로 0~12세용이며, 액세서리 종류도 다양하다.

à propos de
Marie Puce
SAINT-GERMAIN-des-PRÉS
생제르망데프레

Tip

방수 처리가 되어 있어 바닷물에 젖어도 변형될 걱정 없이 신을 수 있는 천연 가죽 샌들, 솔트 워터Salt Water도 판매한다.

ADD 60 Rue du Cherche-Midi, 75006
OPEN 10:30~14:00, 14:30~19:00(월요일 13:30~19:00), 일요일 휴무
WALK 르 봉막셰에서 4분

METRO 10·12호선 Sèvres-Babylone 2번 출구에서 도보 5분
TEL 01 45 48 30 09
WEB www.mariepuce.com/fr

엄마도 아이도 맘에 쏙 드는 시밀러룩

Émile et Ida | 에밀 에 이다

재단사 할아버지의 영향을 받아 탄생한 복고풍 감각의 섬유와 패턴이 매력적인 아동복 & 여성복 브랜드. 팔리지 않은 재고는 자선단체에 기부하는 착한 기업이다. 아동복은 학교 갈 때 입는 평상복보다는 방과 후나 주말 나들이용 외출복을 콘셉트로 한다.

팔레 루아알점은 가운데 입구를 두고 쇼윈도 양쪽에 엄마와 아이 옷이 각각 진열된 모습이 눈길을 끈다. 은은한 파스텔 톤에 과하지 않은 프릴 디자인 등 엄마와 아이가 같은 소재와 디자인으로 예쁜 시밀러룩을 완성할 수 있다는 것도 장점. 우리나라의 직구 사이트에서도 구매할 수 있지만, 종류가 많지 않으니 파리에 머문다면 꼭 들러보길 권한다. 몽마르트르에도 매장에 있다.

à propos de
Émile et Ida
LOUVRE & TUILERIES
루브르 & 튈르리

> **Tip**
>
> 매장 바로 옆에는 파리의 명소인 팔레 루아얄 정원Jardin du Palais–Royal이 있다. 아이와 시밀러룩을 맞춰 입고 산책에 나서보자.

ADD 32 Rue de Richelieu, 75001
OPEN 11:00~19:00, 월요일 휴무
WALK 루브르 박물관의 유리 피라미드에서 7분 / 오페라 가르니에에서 10분

METRO 14호선 Pyramides 1번 출구에서 도보 5분
TEL 01 73 71 80 70
WEB emileetida.com

사랑스러운 원단으로 자르고, 오리고, 붙이고!

Petit Pan Paris | 쁘띠 빵 파리

à propos de
Petit Pan Paris

Le MARAIS
르 마레

동서양의 감각이 한데 어우러진 화려한 텍스타일을 자랑하는 브랜드. 2002년 벨기에 예술가 미리암Myriam과 중국 연을 만드는 스타일리스트 팡Pang 부부가 만들었다. 미리암은 곧 태어날 아기를 위해 중국인 시어머니가 만들어준 대담한 패턴과 색상의 아기 옷에서 영감을 얻어 유러피안 스타일과 접목한 새로운 버전의 아기 옷 디자인을 만들어냈다고 한다.

매장 안은 컬러풀한 색상의 원단과 부자재로 가득하다. 리본, 단추, 지퍼 등 아이 옷을 만들거나 장식하는데 필요한 DIY 재료를 주로 판매하지만, 옷과 가방, 모자, 신발, 침구류 등 완제품 종류도 다양하다.

Tip

맞은편에 위치한 공방에 가면 이곳의 원단으로 옷을 만드는 과정을 지켜볼 수 있다.

ADD 76 Rue François Miron, 75004
OPEN 10:30~19:30(일요일 11:30~)
WALK 파리 시청사 또는 카르나발레 박물관에서 각각 7분

METRO 1호선 Saint-Paul 하나뿐인 출구에서 도보 5분
TEL 01 44 54 90 84
WEB www.petitpan.com

: mode & beauté

세련되고 고급스러운
클래식 패션 브랜드 7

프렌치 시크의 대명사

Bonpoint | 봉쁘앙

à propos de
Bonpoint
**SAINT-GERMAIN-
des-PRÉS**
생제르망데프레

1975년 파리 최초의 꾸뛰르Couture 아동복 전문점으로 출발한 브랜드. 지금도 그 노하우를 입증하는 고급스러운 디자인과 양질의 아동복을 꾸준히 선보이며 파리지앙뿐 아니라 유럽 각국의 왕실과 셀럽들의 사랑을 한 몸에 받고 있다. 전 세계에 100곳 이상의 매장을 보유하고 있으며, 매년 세 번에 걸쳐 시즌마다 300점이 넘는 컬렉션을 발표하며 화제를 모으고 있다. 패키지가 세련되고 고급스러워서 지인에게 줄 출산 선물을 구매하기 좋으며, 아이와 어른 모두 사용할 수 있는 향수와 저자극성 스킨케어 제품도 돋보인다.

Tip

뤽상부르 정원 근처에 있는 투흐농Tournon점은 전 세계에서 가장 큰 아동복 전용 콘셉트 스토어로, 규모가 커서 편하게 둘러보기 좋다.

ADD 6 Rue de Tournon, 75006
OPEN 10:00~19:00, 일요일 휴무
WALK 뤽상부르 정원에서 5분 / 생제르망데프레 성당에서 7분

METRO 4·10호선 Odèon 1번 출구에서 도보 8분
TEL 01 40 51 98 20
WEB www.bonpoint.com

: mode & beauté

클래식한 유럽 스타일의 정점

Les Enfantines | 레장팡띤

프랑스 럭셔리 브랜드 랑방의 창업자 잔느 랑방Jeanne Lanvin의 조카 딸 로르Laure가 만든 아동복 브랜드. 캐시미어와 면 100% 소재, 탈부 착 가능한 카라 등 아이들이 편안하고 실용적으로 입을 수 있도록 고 안된 디자인이 특징이다. 클래식한 터치가 돋보이는 둥근 카라 블라우 스나 블루머 쇼츠, 가슴에서부터 떨어지는 원피스, 스트레이트 팬츠, 부드러운 폴로 셔츠 등 레장팡띤을 대표하는 룩은 영국의 조지 왕자와 샬롯 공주가 즐겨 입는 스타일이기도 하다. 은은한 조명 아래 파스텔 톤 가구가 벽면을 가득 채운 부띠크 안은 19세기 귀족의 아이 방처럼 꾸며졌다. 사이즈는 0~8세까지 있으며, 가격은 50€부터다.

à propos de
Les Enfantines
PASSY
파시

Tip

신생아용 선물 구매 시 자수로 이름을 새겨주는 퍼스널 서비스를 제공한다.

ADD 12 Rue Guichard, 75016
OPEN 10:30~19:00, 일요일 휴무
WALK 샤이요 궁전에서 15분

METRO 9호선 La Muette 2번 출구에서 도보 5분
TEL 09 84 14 01 01
WEB lesenfantines.com

프렌치 느낌 가득한 옷장

Louis Louise | 루이 루이스

딸 루이스에게서 영감을 받은 디자이너 줄리 멜리에Julie Melier가 2006년에 만든 브랜드. 신생아부터 12세까지의 의류와 잡화를 주로 판매하며, 튀지 않는 차분하고 클래식한 프렌치 스타일로 매니아 층을 꾸준히 형성해왔다. 보는 것보다 입었을 때 더 예쁜 것이 특징인 브랜드. 핑크와 화이트, 블루 등으로 이루어진 밝은 색상이 주를 이루고, 활동성이 좋은 남자아이들을 위한 데님 옷도 다양하다. 매년 새로운 컬렉션을 선보이고 있지만, 블라우스나 원피스, 점프수트 등 루이 루이스만의 감각이 돋보이는 시그니처 디자인은 변치 않는 사랑을 받는다.

à propos de
Louis Louise

SAINT-GERMAIN-des-PRÉS
생제르망데프레

Tip

아이와 함께 세련된 시밀러룩을 완성하기 좋은 엄마들의 의류와 잡화도 충실하다.

ADD 83 Rue du Cherche-Midi, 75006
OPEN 11:00~18:00, 일·월요일 휴무
WALK 르 봉막셰에서 5분

METRO 10·12호선 Sèvres-Babylone 2번 출구 또는 Vaneau 하나뿐인 출구에서 각각 도보 5분
TEL 09 80 63 85 95
WEB www.louislouise.com

8

패셔니스타 아이를 위한
백화점 키즈 매장

Le Bon Marché | 르 봉막셰

1852년에 문을 연 세계 최초의 현대식 백화점. 2012년에 리뉴얼하여 새롭게 단장했다. 3층의 키즈 플로어에서는 유명 아동복 브랜드인 봉 쁘앙, 쁘띠바또, 봉통을 비롯한 아동복 매장, 유아용 교구부터 인형까지 골고루 진열된 장난감 매장, 컬러풀한 그림책이 시선을 사로잡는 아동 서점 등 각종 코너를 아이와 쾌적하게 둘러볼 수 있다. 왕자와 공주 의상 등 아이들이 재밌어하는 역할 놀이 의상이 많은 것도 장점 중 하나다. 매장 한켠에는 4~10세 아이들을 위한 놀이 공간이 마련돼 있다. 이용료는 시간당 €12(최소 1시간, 최대 2시간)이며, 요리나 만들기 등을 주제로 한 워크숍(아뜰리에)에도 참여할 수 있다. 워크숍 예약은 홈페이지 lesrecresdubonmarche.com에서 할 수 있다.

à propos de
Le Bon Marché
**FAUBOURG
SAINT-GERMAIN**
포부르 생제르망

Tip

서점에서 책을 구매할 예정이라면 1층 안내 데스크에서 백화점 회원 카드를 발급받자. 카드 소지 시 다른 상품들은 적립만 가능하지만, 서점에서는 당일 바로 5% 할인받을 수 있다.

ADD 24 Rue de Sèvres 75007 paris
OPEN 10:00~20:00(일요일 11:00~)
WALK 생제르망데프레 성당에서 10분

METRO 10·12호선 Sèvres-Babylone
2번 출구에서 도보 1분
WEB www.lebonmarche.com

: mode & beauté

081

아이와 어른 모두를 위한 쇼핑 명소

Galeries Lafayette Haussmann | 갤러리 라파예트 오스만

유럽 최대 규모의 백화점 체인. 본관, 남성관, 미식 & 메종관 등 3개 건물로 구성됐으며, 3,500개 이상의 브랜드가 입점했다. 아이들을 위한 쇼핑 아이템 천국인 키즈 플로어는 본관 5층에 자리 잡고 있다. 신생아부터 청소년까지 아우르는 옷과 잡화는 중저가 브랜드부터 구찌, 지방시, 랑방, 돌체앤가바나, 디올 등 럭셔리 브랜드까지 골고루 갖췄다. 장난감 왕국이라 할 수 있을 만큼 많은 장난감도 만나볼 수 있는데, 특히 대규모로 입점한 디즈니 스토어가 놓칠 수 없는 구경거리 중 하나. 크리스마스 시즌이면 아이들을 위한 재미난 이벤트가 펼쳐진다. 키즈 플로어를 둘러보고 난 다음에는 최근 귀엽고 깜찍하게 리뉴얼한 3층 여성 플로어에 들러보자.

> ### Tip
> 라파예트 백화점은 본관 중앙에 만들어진 높이 43m의 화려한 돔형 천장(쿠폴)을 감상하는 것만으로도 방문할 가치가 충분한 곳이다. 유리와 강철로 만들어진 아르누보 양식의 돔은 색색의 스테인드 글라스로 영롱하게 반짝인다. 본관 3층에 있는 바닥이 유리로 된 글라스 워크 Glass Walk를 거닐며 감상하는 것이 포인트. 7층에 있는 옥상 테라스에 올라가면 탁 트인 전망과 에펠탑을 배경으로 인생샷을 찍을 수 있다.

à propos de
Galeries Lafayette
Haussmann
OPÉRA
오페라

ADD 40 Bd.Haussmann, 75009
OPEN 10:00~20:00(일요일·공휴일
11:00~), 식당가 09:30~21:00(일요일·
공휴일 11:00~20:00)
WALK 오페라 가르니에에서 3분
METRO 7·9호선 Chaussée d'Antin–
La Fayette 1번 출구에서 도보 1분
TEL 01 42 82 34 56
WEB haussmann.galerieslafayette.
com

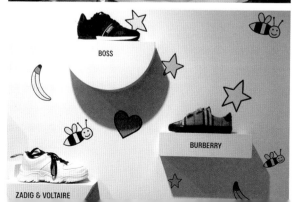

파리에서 현실 육아를 하며 경험한 실용적인 육아용품을 엄선했다.
한국에서는 쉽게 구할 수 없는 약국 화장품, 아이와 함께 파리 여행을
할 때 필요한 준비물도 소개한다.

주아 엄마's
Pick

추천
육아
용품

Gründ
그룬드의 소리 나는 보드북

역사 깊은 프랑스 출판사 그룬드에서 출간한 보드북 시리즈. 모네, 반
고흐, 루브르 박물관, 베르사유 궁전 등 프랑스의 대표 예술가나 명소
를 주제로 멋진 삽화와 이야기가 펼쳐지며, 버튼을 누르면 그림과 이
야기에 어울리는 클래식 음악을 감상할 수 있다. 미술관 관람 전후로
읽으면 더욱 뛰어난 교육 효과를 누릴 수 있다.

Compote
꽁포트

여러 가지 과일을 갈아 만든 달콤하고 부드러운 맛의
아이용 디저트. 낮잠에서 깬 아이의 기분을 상쾌하게
만들어준다. 꽁포트는 본래 과일을 설탕에 졸여 만든
프랑스의 전통 디저트를 말하지만, 어린이용에는 설
탕 등의 첨가물이 들어 있지 않다. 외출 시 꼭 챙기는
휴대용 간식. 슈퍼마켓에 가면 폼포트 Pom'Potes 사의
꽁포트를 비롯한 다양한 회사의 제품을 살 수 있다.

Doudou
두두 애착 인형

프랑스에서는 아이들의 애착
인형을 '두두'라고 부른다. 보
통 부드러운 소재의 동물 인형
이 인기. 주아가 자다가도 찾는
최애 두두는 코끼리 인형 '코코
(주아가 붙인 이름)'다. 아이가 잃
어버리기 쉬우니 꾸준히 생산
되는 디자인으로 고르자.

Bjorg
브요르 뻥튀기 과자

프랑스 대표 유기농 식품 기업 브요르에서 만든 뻥튀기 과자.
쌀, 현미, 퀴노아 등 통곡물을 주재료로 만든 저칼로리 간식
으로, 한국의 뻥튀기와 같은 맛이다. 프랑스에서는 식전에 먹
는 핑거푸드로 애용되기도 한다.

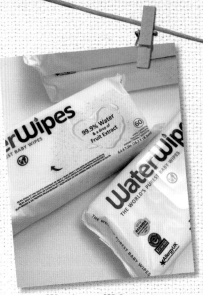

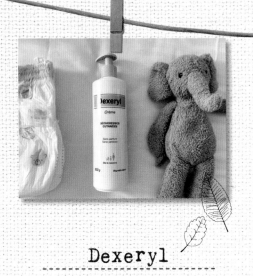

WaterWipes

워터와이프스 물티슈

민감한 아이 피부에 사용할 물티슈를 오랫동안 고민하다가 정착하게 된 제품. 99.9%의 아일랜드산 정제수와 과일 추출물로만 만들기 때문에 안심하고 사용할 수 있다. 주로 약국에서 판매한다.

Dexeryl

덱세릴 로션

주아가 백일 무렵, 피부염 치료를 위해 찾아간 소아과에서 처방받은 로션. 끈적임 없이 부드럽게 발리고 효과도 뛰어나다. 임산부나 성인도 사용할 수 있는 순한 로션이기 때문에 프랑스에서는 국민 크림으로 불릴 정도로 인기가 높다.

Nat & Form

낫 & 폼 비건 젤리 영양제

비타민A와 B3, B5를 비롯하여 아이의 성장에 도움을 주는 9가지 비타민이 든 식품 보조제. 식물성 원료로 만든 젤리 형태라 아이가 매우 좋아한다. 하루에 1~2개씩 간식 삼아 주기에 적당하다.

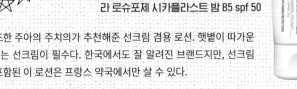

La Roche-Posay

라 로슈포제 시카플라스트 밤 B5 spf 50

피부가 건조한 주아의 주치의가 추천해준 선크림 겸용 로션. 햇볕이 따가운 프랑스에서는 선크림이 필수다. 한국에서도 잘 알려진 브랜드지만, 선크림 기능까지 포함된 이 로션은 프랑스 약국에서만 살 수 있다.

Petit Bateau
쁘띠바또 비옷

Globber
글로버 킥보드

한여름을 빼고는 수시로 비가 내리는 프랑스에서 특히 유용한 비옷. 입고 벗기 편하고 디자인도 예쁜 쁘띠바또의 비옷은 걸음마를 떼기 시작할 때부터 비옷을 입기 시작한 주아가 제일 좋아하는 외투다. 습하고 추운 겨울에는 바람막이 역할도 톡톡히 한다.

프랑스에서 킥보드는 아이들에게 유모차와 자전거에 버금가는 인기 교통수단이다. 특히 프랑스 브랜드 글로버 사의 킥보드는 바퀴가 튼튼하고 안장을 탈부착할 수 있어서 아이를 유모차 대신 태울 때도 편리하다.

Tip. 여행 시 챙기면 좋은 육아 필수템

모자, 선글라스, 스카프
아이와 함께 파리를 여행할 때는 한낮의 뜨거운 햇볕을 가려줄 모자와 선글라스가 꼭 필요하다. 또한 무더운 여름날에도 그늘에는 선선한 바람이 불기 때문에 스카프도 잊지 말자.

모래 놀이 장난감
파리에는 모래 놀이를 즐길 수 있는 놀이터가 많다. 따라서 여행 도중 모래사장을 발견하면 언제든 놀 수 있도록 간단한 모래 놀이 장난감을 준비해가길 권한다. 아이와 함께 가기 좋은 모래 놀이 장소로는 팔레 루아얄Palais Royal 내 정원 북쪽 끝에 자리한 작은 모래사장을 꼽을 수 있다. 아이가 재밌게 모래 놀이하는 동안 정원에 위치한 카페 키츠네Café Kitsune에서 커피 한 잔의 여유를 부려보자.

9

예쁘고 실용적인

신발 & 액세서리

가성비 좋은 어린이 선글라스

Izipizi | 이지피지

가볍고 착용감이 좋은 유아 선글라스로 각광받는 브랜드. 파리를 비롯한 유럽의 햇살은 우리나라보다 강렬하기 때문에 어린아이들도 시력 보호를 위해 선글라스를 필수로 사용하는데, 10명 중 7명은 이 브랜드의 선글라스를 착용하고 있다고 해도 무방할 정도로 대중적인 인기가 높다. 선글라스 종류는 0~16세까지 개월 수와 나이에 따라 세심하게 나뉘어 있으며, 개성 있는 컬러와 디자인 중 아이들이 직접 취향에 맞는 제품을 골라보는 재미를 느낄 수 있다.

à propos de
Izipizi
Le MARAIS
르 마레

Tip

성인용 안경과 선글라스 종류도 많다. 골프나 스키, 트레킹 시 착용하는 스포츠 선글라스, 독서 돋보기, 스크린용 안경 등 다양하게 갖추고 있으며, 가격도 합리적이다.

ADD 46 Rue Vieille du Temple, 75004
OPEN 11:00~19:30(토요일 10:00~, 일요일 ~19:00)
WALK 퐁피두 센터 또는 파리 시청사에서 각각 7분

METRO 1호선 Saint-Paul 하나뿐인 출구에서 도보 7분
TEL 01 43 56 04 99
WEB izipizi.com

: mode & beauté

파리에 딱 한 곳뿐!

PèPè | 페페

이탈리아에서 온 고급 수제 아동화 전문점. 신생아용 신발부터 샌들, 부츠, 슬리퍼까지 다양한 제품군이 있으며, 차분한 브라운 색상의 발목 스트랩, 밑창 부분에 넣는 스티칭 등이 시그니처 디자인이다. 1970년부터 이어온 제조 기법으로 이탈리아산 최고급 천연 가죽을 사용하여 만들기 때문에 착용감과 통기성이 매우 뛰어나다. 가격은 비싼 편이지만, 디자인과 퀄리티를 생각하면 아깝지 않은 수준이다. 파리의 여러 편집숍에서 만나볼 수 있는데, 정식 매장은 이곳 딱 한 군데뿐이다. 정식 매장에서는 페페의 신발 외에도 영국 브랜드 캐러멜Caramel의 옷과 수영복, 선글라스 등을 판매한다.

à propos de
PèPè

FAUBOURG
SAINT-GERMAIN
포부르 생제르망

Tip

프랑스 신발 사이즈표

프랑스	19	19.5	20	20.5	21	21.5	22.5	23	23.5	24.5	25
mm	116	120	123	127	130	133	138	142	146	150	154

프랑스	25.5	26	27	27.5	28	28.5	29	30	30.5	31	31.5
mm	157	160	166	169	173	176	179	185	188	192	195

프랑스	32.5	33	34	34.5	35	35.5	36.5	37	38	39	40
mm	200	204	210	213	217	220	226	230	236	247	253

ADD 50 Rue des Saints-Pères, 75007
OPEN 11:00~19:00, 일·월요일 휴무
WALK 생제르망데프레 성당에서 5분
METRO 4호선 Saint-Germain-des-Près 2번 출구에서 도보 5분
TEL 01 45 44 60 26
WEB pepechildrenshoes.com

: mode & beauté

150년 전통의 아동화 브랜드

Pom d'api | 퐁다삐

아이 눈높이에 맞춘 편안하고 예쁜 고급 아동화 전문점. 1870년대 구두 수선공이었던 증조할아버지의 노하우를 물려받아 1973년 문을 열었다. 아이들의 자연스러운 발 성장을 돕기 위해 스케치부터 마무리까지 무려 200단계에 이르는 공정을 거쳐 세심하게 만들며, 이탈리아와 스페인, 포르투갈 등 유럽 각지에서 생산된 부드러운 가죽을 사용한다. 고무 밑창이 튼튼하기로도 잘 알려졌다.

추천 제품은 프랑스 아이들이 즐겨 신는 귀여운 겨울 부츠 '보틴 Bottine(짧은 장화)'이다. 여름에는 얇은 가죽끈을 교차해 만든 글래디에이터 스타일의 샌들이 인기다.

Tip

정식 매장 외에도 마라렉스나 스몰라블 등 파리의 여러 편집숍에서 판매하고 있으며, 벨기에, 스위스, 뉴욕, 러시아 등 해외에도 지점이 있다.

ADD 28 Rue du Four, 75006
OPEN 10:00~19:00(월요일 11:00~13:00, 14:00~19:00), 일요일 휴무
WALK 생제르망데프레 성당에서 2분

METRO 4호선 Saint Germain-des-Pres 2번 출구에서 도보 2분
TEL 01 45 48 39 31
WEB www.pomdapi.fr

à propos de
Pom d'api

SAINT-GERMAIN-des-PRÉS
생제르망데프레

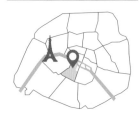

프랑스 아이들의 레인부츠
Aigle | 에이글

프랑스 레인부츠의 대명사. 방수성과 내구성이 뛰어난 천연 고무 소재의 부츠로 오랜 세월이 지나도 변함없는 사랑을 받고 있다. 비 오는 날이면 파리에서는 어딜 가든 쁘띠바또의 레인코트와 에이글의 레인부츠를 착용한 아이들을 볼 수 있을 정도다. 170여 년 전, 루아르Loire 지방의 한 고무 공장에서 시작된 전통적인 제조 기법을 따르고 있다. 노란색과 빨간색, 네이비색으로 이루어진 심플한 부츠가 시그니처 디자인이지만, 요즘에는 민트색, 핑크색 등 다양한 컬러를 선보이는 데다 매 시즌 새로운 모티브로 디자인이 업그레이드되고 있어서 선택의 폭이 더욱 넓어졌다.

à propos de
Aígle
SAINT-GERMAIN-des-PRÉS
생제르망데프레

> **Típ**
>
> 활동성 좋은 성인 의류와 신발도 인기이므로 패밀리룩을 연출하기에도 좋다.

ADD 139 Boulevard Saint-Germain, 75006
OPEN 10:00~19:30, 일요일 휴무
WALK 생제르망데프레 성당에서 2분

METRO 4호선 Saint Germain-des-Pres 2번 출구에서 도보 2분
TEL 01 46 33 26 23
WEB aigle.com/fr

10 저렴하고 실속 있는
키즈용품 & 잡화점

장도 보고~ 육아템도 얻고~

MONOPRIX(Champs-Élysées)

| 모노프리 샹젤리제

프랑스의 대표적인 슈퍼마켓 중의 하나. 샹젤리제 매장은 접근성도 좋고 규모도 상당한 데다 지하에 아동 전용 매장이 따로 있어서 식료품과 유아용품 쇼핑을 한꺼번에 즐길 수 있다는 것이 장점이다. 아동 전용 매장에는 신생아부터 청소년까지를 대상으로 한 의류와 잡화, 장난감, 학용품 등이 있으며, 모노프리의 자체 브랜드 의류와 잡화를 눈여겨 볼 만하다. 유명 브랜드와 협업도 자주 하기 때문에 평소 좋아하던 브랜드의 협업 아이템을 저렴한 가격에 득템할 기회를 얻을 수도 있다.

à propos de
MONOPRIX
CHAMPS-ÉLYSÉES
샹젤리제

Tip
파리의 유명 제과점의 과자나 차는 물론, 비누나 미니 향수 등 뷰티 생활용품, 주방용품 등 여행 기념품으로 살 만한 제품도 많다.

ADD 109 Rue la Boetie, 75008
OPEN 09:00~22:00(일요일 10:00~21:00)
WALK 에투알 개선문에서 10분

METRO 1·9호선 Franklin D. Roosevelt 1번 출구에서 도보 3분
TEL 01 53 77 65 65
WEB www.monoprix.fr

: mode & beauté

여기가 바로 유럽의 다이소

Hema ㅣ 에마

네덜란드에서 시작된 저가 생활용품 전문점. 우리나라보다 비싼 프랑
스의 잡화들을 이곳에서는 놀랍도록 싼값에 구매할 수 있다. 칫솔이나
면봉 등 생활용품이나 자잘한 문구류 등 일상에서 쉽게 소모하는 잡화
들은 물론이고, 여름에는 물놀이용품, 겨울에는 크리스마스트리와 장
식 등 계절에 따라 콘셉트를 달리한 제품까지 만나볼 수 있다. 프랑스
부모들은 아이 생일파티를 직접 준비하고 꾸미는데도 정성을 들이는
편인데, 이곳에서는 파티용품도 저렴한 가격에 살 수 있다. 가격이 싼
만큼 아주 만족스러운 질을 기대하는 건 무리지만, 가끔 가격과 품질
두 마리 토끼를 다 잡을 수 있는 제품도 발견할 수 있다.

à propos de Hema

BEAUGRENELLE
보그르넬

Tip

파리에 16개, 유럽 내 700개 이상의 매장이 있다. 유럽 여행을
계획한다면 잘 기억해두었다가 방문해보자.

ADD 40 Rue Linois, 75015
OPEN 10:00~20:30(일요일 11:00~
19:00)
WALK 자유의 여신상에서 8분
METRO 10호선 Charles Michels 2번
출구에서 도보 5분
WEB hema.com

성분이 착한
뷰티 & 드럭 쇼핑

엄마의 현명한 선택

Minois | 미누아

엄마가 어린 딸의 연약한 피부를 보호하기 위해 만든 프랑스의 자연주의 화장품 브랜드. 오렌지 블러섬 플로럴 워터와 꿀, 시어버터, 스위트 아몬드 오일 등 보습과 진정 효과, 비타민이 풍부한 식물성 원료만을 사용해 만들며, 유해한 화학 성분은 엄격한 기준을 적용하여 배제한다. 파리에 있는 대부분의 편집숍에서 찾아볼 수 있지만, 미누아 숍에 직접 방문하면 여러 가지 제품을 테스트해볼 수 있고, 스킨케어와 바디용품 외에도 립 제품이나 비누, 어린이용 향수 등 아이를 위한 다양한 뷰티 제품을 한눈에 살펴볼 수 있다.

à propos de
Minois
**BONNE-NOUVELLE
& SENTIER**
본느누벨르 & 상티에

Tip

비누 한 개를 사더라도 두 가지 이상의 샘플을 챙겨주고, 예쁜 더스트백에 넣어주는 서비스가 기분을 더욱 좋게 만든다. 디자인이 귀여운 여행용 패키지도 추천 제품 중 하나다.

ADD 14 Rue Bachaumont, 75002
OPEN 11:00~19:00, 일요일 휴무
WALK 팔레 루아얄에 10분 / 퐁피두 센터에서 12분

METRO 3호선 Sentier 2번 출구에서 도보 4분
TEL 09 86 62 11 66
WEB www.minoisparis.fr

약국에 왔으면 쇼핑하고 가야죠

Pharmacie Eiffel Commerce | 에펠 꼬멕스 약국

마트에 장 보러 가듯 가볍게 쇼핑하기 좋은 대형 약국. 기본적으로는 약국이지만, 치약이나 물티슈, 아이 간식까지 다채로운 제품을 저렴한 가격으로 살 수 있다. 또한 라 로슈포제, 유리아쥬, 클라란스, 아벤느, 아더마 등 우리나라에서도 인기인 프랑스 약국 화장품 브랜드들이 대거 포진해 있기 때문에 파리 여행 중 빼놓을 수 없는 관광 코스라고 할 수 있다. 추천 제품은 우리나라에도 잘 알려진 각종 SPA 브랜드 화장품과 로얄젤리 영양제. 가격도 저렴하지만, 특히 로얄젤리는 프랑스인이 계절이 바뀔 때마다 먹는 국민 건강 보조제로, 다양한 용량과 함유량으로 출시돼 선택의 폭이 넓다. 대부분의 대형 약국에는 한국인 직원이 상주하고 있으니 제품에 대해 궁금한 점이 있다면 무엇이든 물어보자.

à propos de
Pharmacie Eiffel
Commerce
BEAUGRENELLE
보그르넬

> **Tip**
>
> **그 밖의 파리 시내 추천 대형 약국**
>
> ■ **시티파르마**Citypharma
> **ADD** 26 Rue du Four, 75006 **OPEN** 08:30~21:00(토요일 09:00~, 일요일 13:00~20:00)
>
> ■ **몽쥬 약국**Pharmacie Monge
> **ADD** 1 Pl. Monge, 75005 **OPEN** 08:00~20:00, 일요일 휴무
>
> ■ **갤러리 약국**Maxi Pharma des Galeries
> **ADD** 11 Rue de Mogador, 75009 **OPEN** 08:30~20:00, 일요일 휴무

ADD 13-15-17, Rue du Commerce, 75015
OPEN 08:00~21:00, 일요일 휴무
WALK 에펠탑에서 20분
METRO 6호선 La Motte-Picquet Grenelle 1번 출구에서 도보 3분
WEB pharmacieeiffelcommerce. com

파리에서 아이를 키운다는 것

"내가 파리에서 출산과 육아를 하다니……."

첫째 레아가 만 4세가 넘은 지금까지도 내가 가장 많이 하는 말이다. 바로 눈앞에서 귀여운
두 아이를 바라보면서도, 내가 이 아이들을 파리에서 이만큼 키웠다는 게 여전히 실감 나지
않기 때문이다.
파리에서의 첫 출산은 고민과 걱정의 연속이었다. 나는 먼저 출산한 친구들에게 필수 육아
아이템 목록을 받은 후, 엄청난 양의 출산 준비물을 캐리어 가득 채워서 파리로 돌아왔었다.
나는 열정적인 한국의 예비 엄마였다.

그렇게 첫째 레아를 한국의 육아 필수템으로 키우고 나니 '왜 그랬을까?' 하는 뒤늦은
후회가 밀려왔다. 파리에도 육아용품은 넘쳐났고, 한국보다 더 뛰어난 품질의 제품도
많았다. 그리고 어차피 파리에서 태어나고 자라야 할 아이이니 프랑스 사람들이 이용하는
제품과 먹거리로 키우는 게 더 자연스럽지 않을까 하는 생각도 들었다. 그래서 둘째
이산이를 출산할 때는 한국에서 거즈 수건만 챙겨왔다. 그마저도 사용할 일이 없었지만.
비닐을 뜯지도 않은 새 거즈 수건이 옷장에 그대로 쌓여 있는 걸 볼 때마다 민망한 기분이
든다.

파리에서 두 아이를 키우는 일은 어쩌면 행운인지도 모른다.
우선 이곳의 아이들은 한국의 아이들보다 학업 스트레스가
훨씬 적다. 아이들은 방과 후 학원에 가거나 과외를 하는 대신
친구들과 뛰놀고, 유치원부터 대학교까지 거의 매달 길거나
짧은 바캉스가 주어진다. 유치원에 다니는 레아도 6주마다
바캉스가 있다. 학교 수업을 하지 않는 이 기간에 아이들은
악기나 운동 등 외부 활동을 하거나 가족 여행을 다니는 덕분에
자유롭고 창의적으로 성장할 수 있다.
프랑스에서는 의무교육이 시작되는 만 3세부터 유치원에
입학한다. 그래서 첫째 레아는 유치원에 입학하기 전에 프랑스
보모가 운영하는 사립 어린이집에 다녔다. 둘째 이산이의
출산을 앞두고 있던 터라 어쩔 수 없이 보내긴 했지만, 아이가
낯선 환경과 언어에 잘 적응할 수 있을까 걱정도 많았다. 다행히
레아는 놀이 위주의 자유롭고 편안한 어린이집 분위기에
금세 익숙해졌고, 집에서 쓰는 한국어와 어린이집에서 쓰는
프랑스어와의 차이를 알아가는 재미에 푹 빠졌다.

자신과는 다른 외모의 아이들 속에 뒤섞여 모국어가 아닌
언어를 배워야 하는 아이가 어떤 감정을 느낄지 걱정하는 것은
해외에서 아이를 키우는 부모라면 누구나 겪는 감정일 것이다.
물론 아이들은 부모의 걱정보다도 더 잘 해낼 거란 걸 알면서도
말이다. 나 역시 여전히 프랑스 교육에 아이를 적응시켜야
한다는 데 두려움이 없진 않다. 그저 아이들이 밝고 명랑하게
자라기만을 바랄 뿐이다. 건강하고 행복한 아이로 커가는 것
말고 그 이상을 바라는 일은 부모의 욕심일 뿐이라고,
나는 매일 다짐하고 또 다짐한다.

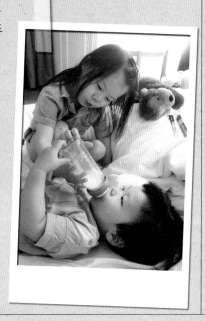

Thème 2

: jouet

세 가지 장난감 가게

인터넷이 점령한 시대에도 파리에서는 여전히 오래된 장난감 가게가
꿋꿋이 자리를 지키고 있다. 유럽 스타일의 귀여운 인형과 장난감 기차,
구슬 등을 파는 오래되고 아기자기한 장난감 가게부터
최신 장난감으로 가득한 대형 매장까지 모두 만나볼 수 있다.

Mandorla Palace

뭐든지 다 있는
장난감 백화점

아이들의 참새 방앗간

La Grande Récré
| 라 그랑드 헤크헤

파리에 10여 개 매장을 보유한 대형 장난감 체인. 입구에 들어서면 어른 아이 할 것 없이 모두 눈이 휘둥그레질 정도로 큰 규모에 압도당한다. 프랑스를 비롯한 유럽, 미국, 일본 등 전 세계의 트렌디한 장난감은 한데 모여 있는 데다 신제품 교체 주기도 빨라서 아이들을 참새 방앗간처럼 들르게 만든다. 한쪽에는 '이달의 장난감' 코너가 있어서 아이들이 직접 장난감을 만져보고 작동해 볼 수 있다. 드론이나 게임 도구 등 성인들을 위한 제품도 다양하다.

à propos de
La Grande Récré
BEAUGRENELLE
보그르넬

Tip

모래 놀이 장난감 종류가 많고 저렴하다. 파리에는 곳곳에 모래 놀이터가 있어서 아이와 여행 중 모래 놀이 도구가 필요하다면 이곳을 추천한다.

ADD 38 Rue Linois, 75015
OPEN 10:00~20:30(일요일 11:00~19:00)
WALK 자유의 여신상에서 8분 / 에펠탑에서 25분

METRO 10호선 Charles Michels 2번 출구에서 도보 5분
WEB www.lagranderecre.fr

L'Oiseau de Paradis

| 루아조 드 빠하디

1932년에 문을 연 오래된 장난감 가게. 화려한 깃털을 자랑하며 '천국
의 새'로 불리는 극락조를 뜻하는 가게 이름처럼 이곳은 그야말로 아
이들을 위한 천국이다. 지하 1층과 지상 1층으로 이루어진 커다란 매
장에는 프랑스 부모들의 향수를 불러일으키는 추억의 장난감부터 아
이들이 좋아하는 최신 장난감까지 두루두루 진열돼 있다. 예쁜 스노
볼, 동물 피규어, 장난감 자동차, 인형은 물론이고, 뿔 달린 드래곤이나
늑대 망토, 해적 의상, 가면, 투구 등 역할 놀이하기 좋은 코스튬 의상
과 도구가 많아서 구경하는 재미가 있다. 오르세 미술관과 르 봉막셰
백화점 사이에 있어서 찾아가기 쉽다는 것도 장점이다.

à propos de
L'Oiseau de Paradis

**FAUBOURG
SAINT-GERMAIN**
포부르 생제르망

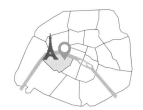

> Tip
>
> 우리나라에서는 구하기 어려운, 어른들의 수집 욕구를 불러일으
> 키는 장난감도 많다.

ADD 211 Bd. Saint-Germain, 75007
OPEN 10:30~19:00(월요일 14:00~), 일요일 휴무
WALK 오르세 미술관에서 8분
METRO 12호선 Rue du Bac 하나뿐인 출구에서 도보 3분
TEL 01 45 48 97 90
WEB www.loiseaudeparadis.fr

귀여운 건 다 모였다!

Mandorla Palace

| 망도흘라 팔라스

영유아용 장난감을 주로 판매하는 잡화점. 유모차 장난감, 모래 놀이 도구, 장난감 기차, 상자 쌓기 등 프랑스 아기들이 자주 가지고 노는 장난감을 비롯해 영국이나 북유럽에서 온 장난감까지 한자리에 모였다. 유아용 그릇이나 숟가락 등 생활잡화, 아이 방 꾸미기에 좋은 귀여운 장식품, 액자, 세련된 침구류 종류도 폭넓게 갖추고 있어서 갈 때마다 뭘 사야 할 지 행복한 고민을 하게 만드는 곳. 그저 눈으로 구경만 해도 기분이 좋아진다.

à propos de
Mandorla Palace

Le MARAIS
르 마레

Tip

여행자들에게 접근성이 좋은 마레 지구에 있으니 관광하듯 가볍게 들러보자.

ADD 34 Rue Francois Miron, 75004
OPEN 11:00~19:00(일요일 14:00~), 월요일 휴무
WALK 파리 시청사 또는 생루이섬에서 각각 6분

METRO 1호선 Saint-Paul 하나뿐인 출구에서 도보 3분
TEL 01 48 04 71 24
WEB www.mandorlapalace.canalblog.com

놀이가 공부가 되는 장난감

Oxybul | 옥시뷸

영유아의 두뇌와 인지 발달에 도움을 주는 교육용 장난감 전문점. 대부분 원목 소재 장난감이며 가격 대비 퀄리티가 뛰어나다. 매장이 크고 장난감 종류가 많음에도 불구하고 총 15개 섹션으로 세분화하여 어떤 장난감들이 있는지 한눈에 알아볼 수 있다. 장난감 섹션은 각각 쌍씨뷸Sensibul(영아에게 시각, 촉각, 청각적 자극을 줄 수 있는 장난감), 이마지뷸Imagibul(상상하며 놀 수 있는 역할 놀이 의상), 악티뷸Artibul(창의력을 키우는 색칠 도구, 물감 놀이, 찰흙 놀이), 엑스플로뷸Explobul(탐구력을 키우는 식물 키우기 키트 등의 장난감) 등으로 이루어졌으며, 몬테소리 교구도 다양하게 구비돼 있다.

à propos de
Oxybul
CHAILLOT
샤이요

> ### Tip
> 뤽상부르 정원 근처에도 매장이 있다.
> **ADD** 19 Rue Vavin, 75006   **OPEN** 10:00~19:00, 일요일 휴무

ADD 148 Avenue Victor Hugo, 75016
OPEN 10:00~19:30, 일요일 휴무
WALK 샤이요 궁전에서 15분

METRO 6호선 Rue de la Pompe 하나뿐인 출구에서 도보 5분
TEL 01 45 05 90 60

나만 알고 싶은 장난감 가게

Si Tu Veux(If You Want) | 씨 튜브

미취학 아동을 대상으로 한 장난감 가게. 입구를 가득 채운 조그만 구
슬과 팽이, 주사위 등은 어린 시절 추억의 동네 문방구를 떠올리게 한
다. 진열대 한쪽으로 원목 장난감 놀이 공간, 그림 그리기 공간, 장난
감 자동차 놀이 공간 등이 마련돼 있어서 엄마와 아이가 쇼핑 중 놀
이도 하고 차도 마시며 쉬어갈 수 있도록 배려한 점이 돋보인다. 프랑
스 국민 교육 완구 브랜드 드제코 Djeco, 독일의 원목 장난감 브랜드
고키 Goki, 천연 고무나무로 만든 친환경 장난감 브랜드 플랜토이즈
Plantoys 등 완제품보다는 아이가 직접 조립하는 교육용 원목 장난감
이 많다는 점이 매력적이다.

à propos de
Si Tu Veux
**BONNE-NOUVELLE
& SENTIER**
본느누벨르 & 상티에

Tip

씨 튜 브는 파리에서 가장 아름다운 파사주 Passage(아케이드 상점
가) 중 하나로 손꼽히는 갤러리 비비엔느 Galerie Vivienne 안에 꼭꼭
숨겨져 있다. 쇼핑과 더불어 파사주의 건축미를 감상해보는 시간
까지 덤으로 누려보자.

ADD 68 Gal Vivienne, 75002
OPEN 10:30~19:00, 일요일 휴무
WALK 루브르 박물관 유리 피라미드 또
는 오페라 가르니에에서 각각 12분

METRO 7·14호선 Pyramides 1·2번 출
구에서 도보 7분
TEL 01 42 60 59 97
WEB www.situveuxjouer.com

3 어른도 신나는
캐릭터
& 게임숍

파리의 레고 매장에는 뭔가 특별한 게 있다?!

LEGO® Store | 레고 스토어

파리의 개성이 듬뿍 담긴 공식 레고 스토어. 파리를 대표하는 레고 매장인 만큼 레고 블록으로 정교하게 쌓은 노트르담 대성당과 에투알 개선문 모형을 감상할 수 있다. 개선문 중심부의 인물 조각상을 앙증맞은 레고 피규어로 디테일하게 재현해둔 모습을 놓치지 말 것. 쇼윈도 한쪽에는 레고로 만든 파티스리 디저트도 볼 수 있는데, 알록달록한 마카롱과 컵케이크, 초콜릿 케이크, 쿠키 등의 생생한 비주얼을 보고 있으면 입에 절로 침이 고인다. 매장 규모가 매우 크고 전시품도 많은 편이니 즐겁게 둘러보자.

à propos de
LEGO® Store

Les HALLES & BEAUBOURG
레알 & 보부르

Tip

아이의 사진을 찍으면 레고로 아이의 모습을 만들 수 있도록 레고 블록이 제공되는 '레고 모자이크 메이커LEGO Mosaic Maker' 코너도 있다. 홈페이지storebooking.lego.com 예약 필수.

ADD 1 Passage de la Canopée, 75001
OPEN 10:00~20:00(일요일 11:00~19:00)
WALK 퐁피두 센터에서 5분
METRO 1·4·7·11·14호선 Chatelet 또는 4호선 Les Halles 또는 **RER** A·B·D

Châtelet – Les Halles 3번 출구(Porte Lescot 방향)에서 도보 1분 / 노선에 따라 퐁피두 센터 방향 표지판을 따라 지상으로 올라오면 보인다.
WEB www.lego.com

거부할 수 없는 디즈니의 세계

Disney Store | 디즈니 스토어

샹젤리제 거리에 자리 잡은 디즈니 스토어 대형 매장. 일정상 파리 근교에 있는 디즈니랜드까지 갈 여유가 되지 않는다면 이곳에서 아쉬움을 달래보자. 지상 1층과 지하 1층이 거대한 내부 계단으로 연결된 넓은 매장 안에는 토이 스토리, 겨울왕국, 미키마우스, 스파이더맨, 스타워즈 등 인기 디즈니 캐릭터가 총집합해 있다. 1층 천장과 지하로 이어지는 나선형 계단을 장식한 반짝이는 크리스털, 보랏빛으로 빛나는 에펠탑 조형물도 감탄을 자아낸다.

> **Tip**
>
> 가격은 우리나라와 비슷한 편이지만, 할인 행사 품목을 잘 노린다면 의외로 싼값에 득템할 수 있다.

ADD 44 Avenue des Champs-Élysées, 75008
OPEN 10:00~21:40
WALK 에투알 개선문에서 10분

METRO 1·9호선 Franklin D. Roosevelt 1번 출구에서 도보 5분
TEL 01 45 61 45 25
WEB www.shopdisney.com

à propos de
Disney Store
CHAMPS-ÉLYSÉES
샹젤리제

게임 마니아의 단골 놀이터

Micromania | 미크호마냐

플레이스테이션과 닌텐도 같은 비디오 게임기와 각종 소프트웨어, 애니메이션 피규어를 판매하는 게임 매장. 우리에게 친숙한 슈퍼마리오와 피카츄, 드래곤볼을 비롯하여 몬스터 헌터, 나루토, 젤다의 전설, 어벤져스, 스타워즈, 스파이더맨 등 다채로운 게임과 애니메이션 캐릭터 상품을 만나볼 수 있다. 온라인 게임이 강세인 우리나라에서는 이렇게 큰 규모의 오프라인 게임 매장을 보기 어렵지만, 프랑스에서는 아직도 콘솔 게임의 인기가 매우 높은 편이라서 게임기를 체험하고 살펴볼 수 있는 오프라인 매장을 종종 볼 수 있다. 게임을 좋아하는 이들이라면 한 번쯤 방문해볼 만하다. 매년 12월이면 크리스마스 선물을 사기 위한 손님들로 북적거린다.

à propos de
Micromania
BEAUGRENELLE
보그르넬

Tip

120여 개의 브랜드가 입점해 있는 에펠탑 근처의 대형 쇼핑 단지, 보그르넬 내에 있다. 모노프리가 있는 건물을 찾자.

ADD 48 Rue Linois, 75015
OPEN 10:00~20:30(일요일
11:00~19:00)
WALK 자유의 여신상에서 7분 / 에펠탑
에서 25분

METRO 10호선 Charles Michels 2번
출구에서 도보 5분
TEL 01 40 58 00 01
WEB www.micromania.fr

파리의 아이들, 그리고 주아의 하루

파리에는 다양한 형태의 유아원이 있다. 유아원은 보통 크헤쉬 Crèche (부모가 일하거나 학생일 경우 들어갈 수 있는 공립 유아원), 마이크로 크헤쉬 Micro Crèche (회사의 지원으로 들어갈 수 있는 유아원), 보모의 집 등 크게 세 가지로 나눌 수 있는데, 이 중 주아는 크헤쉬를 다닌다.

우리 가족의 아침은 주아의 기상 소리로 시작된다. 평일 아침 7시 반이 되면 주아는 칼같이 일어나서 "아, 잘 잤다, 맘마"라고 말한다. 그러고 나서 아침을 먹고는 본인이 입고 싶은 옷과 신발을 신고 크헤쉬로 간다. 의무교육을 받기 시작하는 만 3세 이상의 아이들은 유아원 대신 3세 반부터 6세 반까지 다니는 유아 학교인 마떼흐넬 학교 Ecole Maternelle 로 간다. 오후 4시 반, 파리의 거리에서는 마떼흐넬 학교에서 수업을 마치고 나온 아이들을 만날 수 있다. 아이들은 한 손에 구떼 Goûter (오후 간식)를 들고, 다른 한 손으로는 보모의 손을 잡고는 근처 놀이터 Jardin 또는 Parc 로 가서 신나게 뛰논다. 킥보드나 밸런스 자전거를 타기도 하고, 모래 놀이를 하기도 한다.

파리는 작은 도시임에도 불구하고 주변을 둘러보면 어디서든 푸르른 공원이 눈에
띈다. 따스한 햇볕이 비추는 오후, 프랑스어로 공원 또는 정원을 뜻하는 자흐당Jardin과
빠흐크 Parc에서 탁구나 공놀이를 하거나 자전거를 타는 아이들을 볼 때면, 어릴 적 아파트
단지에서 친구들과 놀던 추억이 떠오른다. 프랑스 아이들에게 자흐당과 빠흐크는 한국의
아파트 단지 내 놀이터와도 같은 셈이다.

주말이 되면 우리 가족도 공원에서 자전거를 타거나 정원에 돗자리를 펴놓고 작은
피크닉을 즐긴다. 아이와 함께 보고 싶은 전시가 있을 땐 뮤지엄을 방문하는데, 대부분의
뮤지엄에도 정원이 딸려 있다. 아직은 주아가 어려서 참여할 수 있는 아뜰리에 프로그램이
한정적이지만, 아이가 클수록 더 재미있는 시간을 보낼 수 있을 것이다.

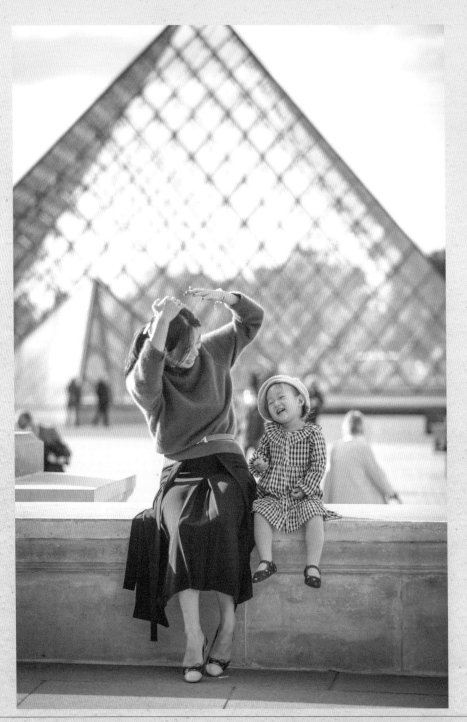

주아의 저녁은 대부분 아빠가 준비한다. 요리와 와인을 전공한
주아 아빠는 와인을 마실 때면 항상 주아에게 시향을 하게끔
하고, 아빠표 요리도 해주면서 식사의 즐거움을 알려주려고 한다.
주아를 위한 식재료는 주로 한인 마트에서 구매한 두부, 미역,
어묵, 콩나물이다. 한국에 있는 것만큼 풍부한 먹거리를 먹이지
못하는데도 잘 먹고 쑥쑥 크는 아이가 그저 기특하기만 하다. 대신
과일만큼은 꼭 싱싱한 제철 과일로 챙겨 먹이려고 노력한다.

저녁을 먹고 나면 주아는 파자마로 갈아입고 침대에 누워서
"엄마, 우리 이야기하고 자자."라고 말한다. 사랑하는 아이와
함께 소곤소곤 이야기를 나누다 보면 어느덧 주아의 하루는
끝이 난다. 집에 있을 땐 한국의 여느 가정과 다를 것 없는
시간을 보내지만, 집 밖으로 나가면 전혀 다른 세상이 펼쳐지는
나날들……. 우리는 지금, 파리에 산다.

Thème 3

: livre

세 가지 서점

책의 도시 파리에선 골목마다 어린이 서적 코너를 갖춘 동네서점들이
문을 활짝 열고 꼬마 손님들을 기다린다. 아이들은 엄마가 골라준 것보다
자신이 직접 만져보고 선택한 책을 더욱 좋아하므로,
동네서점 탐험은 아이가 책과 친해질 수 있는 절호의 기회다.

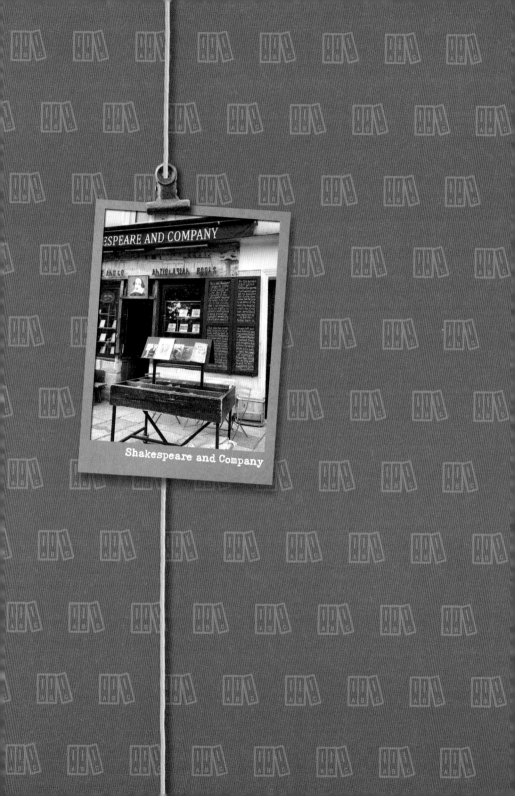

Shakespeare and Company

수준 높은
어린이 전문 서점

à propos de
L'Emile

BEAUGRENELLE
보그르넬

아이들을 위한 빨간 책방

L'Emile | 레밀

새빨간 페인트칠을 한 외관이 단번에 눈길을 사로잡는 어린이 전문 서점. 프랑스 작가 에밀 졸라를 기념하는 에밀 졸라 거리에 자리 잡고 있다는 이유와 장 자크 루소가 교육을 주제로 쓴 『에밀』에서 착안하여 가게 이름을 지었다. 규모가 그리 크진 않지만, 프랑스 아이들의 학습 교재나 다양한 읽을거리, 문구류로 매장 안이 빼곡하다. 가게 안쪽의 빨간색 방은 영어 서적 코너로, 소설과 일러스트 북 등을 취급한다. 프랑스 아이들이 어떤 책을 읽고 공부하는지 궁금하다면 이곳을 눈여겨보자.

> **Tip**
>
> 아이들용 안전 가위를 비롯한 다양하고 실용적인 문구류와 책가방 등도 판매한다.

ADD 136 Avenue Emile Zola, 75015
OPEN 08:00~19:00(7·8월 10:00~), 일요일 휴무
WALK 에펠탑에서 25분
METRO 10호선 Avenue Emile Zola 2번 출구에서 도보 3분
TEL 01 45 75 16 15
WEB librairie-emile.over-blog.com

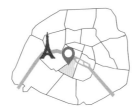

à propos de
Chantelivre

SAINT-GERMAIN-
des-PRÉS
생제르망데프레

그림책이라면 무조건 이곳

Chantelivre

| 샹뜨리브흐

프랑스 최초의 어린이 전문 서점. 1974년 아동서 전문 출판사 레꼴 데 루아지 L'École des Loisirs가 자신들의 책을 팔기 위해 문을 열었다가 이후 다른 출판사의 책을 유통하면서 확장해왔다. 접근성이 뛰어난 파리 6구 생제르망데프레 지역에 자리 잡고 있어서 쉽게 오갈 수 있다. 통유리창으로 된 쇼윈도는 아이들의 흥미를 끄는 재미난 주제로 꾸며지곤 하는데, 새학기가 시작되는 9월이면 의무교육이 시작되는 3세 반 유아들을 위한 대소변 훈련 책들이 쇼윈도를 가득 메우기도 한다.

> **Tip**
>
> 넓은 매장 안에는 어린이 책과 장난감 외에 어른들을 위한 도서도 착실하게 갖추고 있다. 한쪽에는 에꼴 데 루아지의 아동 문학 시리즈 코너가 마련돼 있다.

ADD 13 Rue de Sèvres, 75006
OPEN 10:30~19:30(월요일 13:00~),
일요일 휴무
WALK 르 봉막셰에서 5분
METRO 10·12호선 Sèvres–Babylone
1번 출구에서 도보 5분
TEL 01 45 48 87 90
WEB chantelivre–paris.com

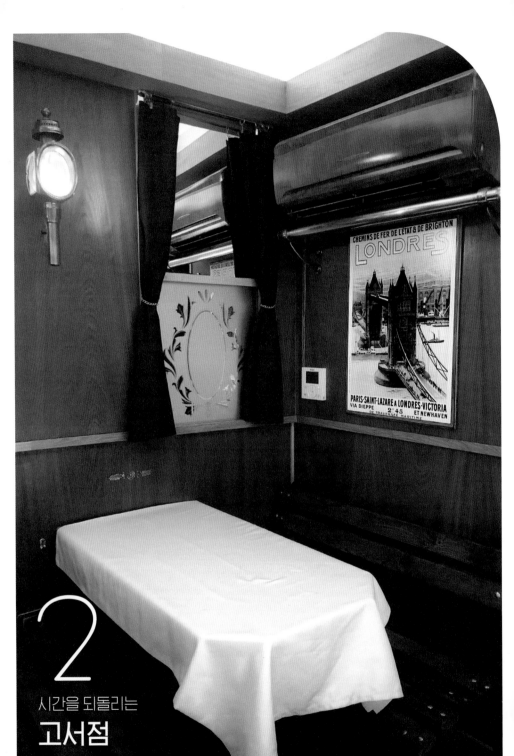

2

시간을 되돌리는
고서점

애프터눈티가 있는 서점

Smith & Son

| 스미스 앤 선

1870년 영국의 닐Neal 형제가 세운 서점 겸 티룸. 두 차례의 세계대전을 겪으며 문을 닫았다가 재개할 만큼 오랜 역사를 고스란히 간직하고 있다. 1층에는 책과 잡지, 영문 서적 등이 분야별로 가지런히 정리돼 있는데, 책과 관련된 아기자기한 소품을 감각적으로 배치한 디스플레이가 눈길을 끈다. 아동과 청소년 서적은 2층에 있다. 1층 테라스에 있는 티룸에서는 애프터눈티를 즐기며 서점에서 구매한 책을 한 장씩 넘겨보는 여유로운 시간을 보낼 수 있다. 오래된 증기기관차의 객실을 연상시키는 티룸의 클래식한 인테리어가 인상적이다.

Tip

스미스 앤 선이 지금의 모습을 갖추게 된 건 1907년 영국의 신문·도서 유통 기업인 WH Smith & Son이 이 가게를 인수하면서부터다. WH Smith & Son은 1966년 자체 도서 코드를 만들어 사용하기 시작했는데, 이것이 1974년 국제표준협회에서 채택되어 오늘날의 국제표준도서번호인 ISBN이 되었다.

ADD 248 Rue de Rivoli, 75001
OPEN 09:30~19:30(일요일 12:30~19:00)
WALK 콩코르드 광장에서 3분
METRO 1·8·12호선 Concorde 5번 출구에서 도보 3분
TEL 01 53 45 84 40
WEB www.smithandson.com

: livre

ADD 224 Rue de Rivoli, 75001
OPEN 10:00~19:00, 일요일 휴무
WALK 튈르리 정원 중간 지점에서 북쪽
으로 길 건너 바로 / 루브르 박물관의
유리 피라미드에서 10분
METRO 1호선 Tuileries 하나뿐인 출구
에서 도보 2분
TEL 01 42 60 76 07
WEB galignani.fr

à propos de
Librairie Galignani
LOUVRE & TUILERIES
루브르 & 튈르리

오래된 서점의 낭만

Librairie Galignani

| 리브헤히 갤리냐니

무려 220년 역사를 자랑하는 오래된 서점. 영문서적을 다양하게 취급해 해외 여행자의 방문 비중이 높다. 1597 년 고대 그리스의 천문학자 프톨레마이오스의 『지리 학』을 이탈리아어판으로 출간하며 유명해진 베니스의 출판사가 1801년 서점을 오픈한 것이 그 기원으로, 이 후 거점을 옮겨 파리에 정착했다. 지금은 창업주 시몬느 Simone 갤리냐니의 후손들이 운영하고 있다.

튈르리 정원과 마주한 서점 안은 천장 창문을 통해 쏟아 지는 햇살이 마룻바닥을 비추어 멋스럽고 낭만적인 분 위기다. 오랜 역사와 더불어 잘 정돈된 서가는 느긋하게 책을 살펴보기 좋게 꾸며져 있다. 오른쪽의 작은 방에는 오로지 어린이를 위한 책들로 가득하니 아이와 함께 고 즈넉한 책 속 여행을 떠나기에 제격이다.

> **Tip**
>
> 오랜 역사를 지닌 서점인 만큼 오리지널 다이어리 와 에코백 등 굿즈 기념품도 다양하다.

: livre

à propos de
Shakespeare and
Company
QUARTIER LATIN
라탱 지구

파리 좌안 문학의 상징

Shakespeare and Company

| 셰익스피어 앤 컴퍼니

노트르담 대성당이 있는 시테섬 바로 아래 강 건너편에
자리한 오래된 영문 서점. 1919년 파리에 거주하던 미
국인 출판업자가 문을 연 작은 서점이 시초로, 1951년
지금의 생미셸 광장 근처로 이전했다. 어니스트 헤밍웨
이와 제임스 조이스 등 유명 소설가가 즐겨 찾았으며, 영
어권 작가와 독자들의 만남의 장소로 사랑받았다. 대중
에게는 영화 <비포 선셋>의 촬영지로 더욱 잘 알려졌다.
본래 이름은 '르 미스트랄Le Mistral'이었으나, 1964년
윌리엄 셰익스피어 탄생 400주년을 맞이하여 지금의 이
름으로 변경됐다.

서점에는 아이들을 위한 서적 코너도 마련돼 있다. 삐거
덕거리는 마룻바닥을 밟으며 오래된 서점에서 책을 고
르는 일은 아이들에게도 신선한 경험이 되어줄 것이다.

Tip

서점 바로 옆에는 맛있는 커피와 페이스트리를 맛
볼 수 있는 셰익스피어 앤 컴퍼니 카페가 있다.

ADD 37 Rue de la Bûcherie, 75005
OPEN 12:00~19:30 / 카페 11:00~19:00(토·일요일 10:00~
20:00)
WALK 노트르담 대성당에서 3분
METRO 4호선 Saint-Michel 1번 출구에서 도보 3분
TEL 01 43 25 40 93
WEB www.shakespeareandcompany.com

la mouette

librairie
galerie
concept store

café
restaurant
terrasse

11h-**20**h
7/7

NEW YO

3
엄마 책도 골라볼까?
파리의 대형 서점

à propos de
La Mouette Rieuse
Le MARAIS
르 마레

볼거리 가득한 콘셉트 스토어

La Mouette Rieuse
| 라 무에뜨 히우즈

마레 지구 중심부에 자리 잡은 3층 규모의 복합 문화 공
간. 서점 안에 카페와 갤러리, 팝업 스토어가 혼재한 흥
미로운 곳이다. 1층에는 재미난 테마로 가득한 각종 파
리 가이드북을 비롯한 여행·요리·예술 서적이 진열돼 있
고, 2층은 아이들을 위한 도서와 장난감 코너로 꾸며져
있다. 상상력을 자극하는 프랑스의 그림책 작가 에르베
튈레Hervé Tullet 책과 나무로 만든 장난감, 사운드북, 색
연필 등 문구류도 있다. 3층은 작은 갤러리다. 아이와 나
란히 원하는 책을 한 권씩 고른 후 노천카페에 앉아서 책
을 읽는 즐거움을 누려보자.

Tip

이곳에서 판매하는 감각적인 엽서와 포스터는 여행
기념품으로 추천할 만하다.

ADD 17bis Rue Pavée, 75004
OPEN 11:00~19:30
WALK 피카소 미술관 또는 보주 광장에서 각각 5분
METRO 1호선 Saint-Paul 하나뿐인 출구에서 도보 3분
TEL 01 43 70 34 74
WEB lamouetterieuseparis.com

: livre

139

à propos de
Fnac

CHAMPS-ÉLYSÉES
상젤리제

쇼핑몰 같은 대형 서점

Fnac | 프낙

1954년 문을 연 프랑스 최대 서점 체인. 어린이 책을 비롯한 각종 분야의 서적을 구비하고 있으며, 음반, DVD, 문구류, 장난감, TV, 오디오, 디지털카메라, 스마트폰, 태블릿 등 전자제품과 게임 소프트웨어까지 폭넓게 갖추고 있다. 한쪽에는 파리의 각종 공연 정보를 알아보고 티켓을 구매할 수 있는 코너도 마련돼 있다. 프랑스의 새 학기가 시작되는 9월이면 학용품을 구매하러 온 부모와 아이들로 더욱 생기를 띤다. 어린이 책은 연령대별로 잘 구분돼 있어서 한눈에 살펴보기 편하다. 관광객이 많이 찾는 상젤리제점을 비롯해 파리 시내 곳곳에 매장이 있으며, 대부분 접근성이 좋은 곳에 자리 잡고 있다.

> **Tip**
>
> 온라인 주문 후 매장에서 픽업하는 서비스를 이용하면 5% 할인 혜택을 받을 수 있다. 회원가입만 하면 관광객도 여행 중 쉽게 이용할 수 있다.

ADD 74 Avenue des Champs-Élysées, 75008
OPEN 10:00~22:30(일요일 11:00~ 20:45)
WALK 에투알 개선문에서 7분
METRO 1호선 George V 1번 출구에서 도보 4분
TEL 08 25 02 00 20
WEB www.fnac.com

à propos de
Gibert Joseph
QUARTIER LATIN
라탱 지구

지식인의 성지, 파리 좌안의 대형 서점

Gibert Joseph

| 지베르 조제프

파리 좌안을 대표하는 대형 서점 체인. 1886년 파리의
대학가를 상징하는 생미셸 거리의 중고 서점으로 시작
해 점차 규모를 확장해왔다. 파리 시내의 여러 매장 중
이곳만의 강점은 지하 1층에 아동과 청소년 전문 서적
코너가 크고 쾌적하게 마련돼 있다는 것. 책의 종류가 다
양하고 규모가 매우 큰 곳이니 시간을 들여 여유롭게 둘
러보자. 센강은 물이 흐르는 방향을 기준으로 좌안과 우
안으로 나뉘는데, '좌안에서는 공부하고 우안에서는 쇼
핑한다'는 우스갯소리가 있을 정도로 좌안은 파리의 대
학생과 지식인의 성지로 알려져 있다. 서점 주변을 산책
하며 좌안의 차분한 분위기를 느껴보자.

Tip

서점 주변 명소로는 소르본 대학(내부 견학은 예약 필수)
과 클뤼니 박물관, 뤽상부르 정원, 팡테옹 등이 있다.

ADD 26 Boulevard Saint-Michel, 75006
OPEN 10:00~19:30, 일요일 휴무
WALK 생미셸 광장에서 5분 / 노트르담 대성당에서 10분
METRO 10호선 Cluny La Sorbonne 1번 출구에서 도보 3분
TEL 01 44 41 88 88
WEB gibert.com

: livre

Special Page

파리 속의
작은 한국

한국
문화원

한국문화원 Centre Culturel Coréen은 프랑스에서 가장 많은 한국 서적을 볼 수 있는 곳이다. 샹젤리제 거리 근처, 프랑스의 전형적인 건축 양식 중 하나인 19세기 오스만 스타일의 건물에 들어서 있는데, 입구에 태극기가 휘날리는 모습이 무척 인상적이다. 7층 규모의 대규모 공간에는 도서실뿐 아니라 한국의 다양한 전시물을 감상할 수 있는 멀티미디어실, 한식 체험관, 콘서트홀, 콘퍼런스장 등을 갖추고 있다. 아이에게 파리 여행 도중 한국 문화의 자긍심을 심어줄 수 있는 공간이다. 1층 멀티미디어실에서는 한국어 모음과 자음 모양의 의자와 한복, 곡선미가 아름다운 도자기, 민화 등이 상설 전시돼 있고, 4층으로 올라가면 도서실이 있다. 도서실에서는 신분증(여행자는 여권)만 있으면 가입 신청 후 회원 카드를 발급받아 발급받아 최대 3주까지 책을 대여할 수 있다. 책 목록은 홈페이지에서도 검색이 가능하다.

ADD 20 Rue la Boétie, 75008
OPEN 10:00~18:00(토요일 14:00~), 일요일·프랑스 공휴일 및 한국 국경일 휴관(도서실은 월요일 추가 휴관)
WALK 마들렌 성당에서 15분
METRO 9·13호선 Miromesnil 3번 출구에서 도보 3분
TEL 01 47 20 84 15
WEB coree-culture.org

Thème 4

: pique-nique

네 가지 피크닉

한낮에는 아이와 작은 소풍을 떠나보자.

파리에는 아이와 가볍게 산책하기 좋은 공원과 예쁘게 꾸민 정원,

놀이공원이 곳곳에 있다. 모든 버스가 저상 버스라

유모차를 가지고 이동하는 것도 어렵지 않다.

Le Jardin d'Acclimatation

오늘은
놀이공원 가는 날!

온통 다 놀이 천국
Le Jardin d'Acclimatation

| 르 자흐당 다클리마타씨옹

1860년 문을 연 프랑스 최초이자 파리에서 유일한 테마파크. 놀이공원과 동물원 구경, 루이비통 재단 미술관Louis Vuitton Fondation 감상과 정원 산책을 한 번에 즐길 수 있다. 놀이공원에는 총 42가지의 놀이 시설이 있는데, 150년 역사를 자랑하는 만큼 유럽풍의 클래식한 놀이기구가 많다. 대부분 유아부터 초등학생까지 이용하기 적당한 수준으로, 2018년 리뉴얼을 통해 롤러코스터 등 성인도 즐길 수 있는 17가지의 놀이 시설이 추가됐다. 그 외 400여 마리의 동물과 조류를 관찰할 수 있는 동물원, 무료 야외 인형극을 관람할 수 있는 피크닉 구역 등이 있다.

Tip

5만4천 평에 달하는 넓은 정원에는 서울과 파리의 자매결연 10주년을 기념하여 만들어진 '서울 정원'도 있다. 가장 파리다운 장소에서 소나무, 버드나무, 돌담 사이를 거닐며 한국의 아름다움을 만끽해 보자.

ADD Carrefour des Sablons, Bois de Boulogne, 75116
OPEN 놀이공원 & 정원 10:00~18:00(토·일요일·공휴일 및 방학 기간(C구역) ~19:00) / 루이비통 재단 미술관 09:00~21:00(월요일 10:00~20:00)
PRICE 놀이공원 입장 7€, 놀이기구 4€, 입장+자유이용권 26~49€(4인 가족 78~147€) / 시즌에 따라 다름, 인터넷 예매 시 할인 / 루이비통 재단 미술관 16€, 가족 32€(특별전은 별도)
METRO 1호선 Les Sablons 2번 출구에서 도보 6분
WEB 르 자흐당 다클리마타씨옹 jardindacclimatation.fr
루이비통 재단 미술관 www.fondationlouisvuitton.fr

: pique-nique

149

à propos de
Fête des Tuileries

LOUVRE & TUILERIES
루브르 & 튈르리

툴르리 정원의 여름 축제

Fête des Tuileries ㅣ 페트 데 튈르히

여름 시즌에만 특별 운영하는 놀이공원. 루브르 박물관 서쪽, 튈르리 정원Jardin des Tuileries 안에 7~8월에 걸친 약 두 달간 관람차, 공중그네, 범퍼카, 회전목마, 대형 미끄럼틀과 트램펄린 등 크고 작은 60여 가지 놀이기구가 설치된다. 후룸라이드나 바이킹 같이 스릴 넘치는 놀이기구도 상당하므로 임시 공원이라고 해도 결코 가볍게 볼 수 없는 곳. 사격과 오리 낚시, 야구, 농구 등 가볍게 즐기기 좋은 게임도 준비돼 있으며, 솜사탕이나 아이스크림 등 아이들이 좋아할 간식거리도 다양하다.

Tip

놀이기구 이용은 유료지만, 입장은 무료. 파리 시내 한복판에 있다는 것도 장점이다. 여름에 아이와 파리를 방문한다면 꼭 들러보자.

150

ADD Place de la Concorde, 75001
OPEN 7월 초~8월 말 / 매년 날짜가 조금씩 다름
WALK 튈르리 정원 북쪽 끝 전체 / 콩코르드 광장에서 1분
METRO 1호선 Tuileries 하나뿐인 출구에서 바로,
1호선 Concorde 5번 출구에서 바로
WEB parisinfo.com/sortie-paris/135470/fete-des-tuileries

파리의
회전
목마

파리에서 아이를 키울 때의 가장 큰 즐거움 중 하나는 회전목마 ^{Manège} 를 타러 가는 것이다. 파리에는 동네마다 오래되고 예쁜 회전목마가 있는데, 현재까지 약 20곳의 회전목마가 일 년 내내 돌아가며 아이들을 기다리고 있다. 회전목마는 다양한 색과 모양의 목마는 물론이고, 우주선, 비행기, 보트, 자동차, 열기구 등 상상을 초월하는 개성 넘치는 탈 것들로 구성돼 있어서 언제나 아이들의 열렬한 지지를 받는다. 자주 이용하는 사람들을 위해서 10장, 20장, 30장 단위로 할인 티켓을 판매하기도 하며, 부모들을 위한 벤치나 식음료를 파는 매점이 마련된 곳도 있다. 아이와 함께 파리를 여행한다면 개성 있는 회전목마를 타는 즐거움을 놓치지 말자.

대개 오전 7~10시에 시작해 오후 7~9시에 종료하며, 1회 이용료는 보통 2~3€다.

Carrousel de la Tour Eiffel

Caroussel du Luxembourg

Tip. 파리의 추천 회전목마

에펠탑 회전목마
Carrousel de la Tour Eiffel

에펠탑 바로 앞에 있는 바로크 양식의 회전목마. 사진 촬영 명소로도 손꼽힌다.

ADD Quai Jacques Chirac, 75007
OPEN 10:00~20:00

파리 식물원 회전목마
Dodo Manège

트리케라톱스, 도도새, 거북, 늑대, 판다 등 특이한 동물을 타볼 수 있다.

ADD Jardin des Plantes, 75005
OPEN 11:00~18:30

몽쏘 공원 회전목마
Manège du Parc Monceau

황금 갈기를 지닌 말, 우주선, 트랩, 컵 등 갖가지 모양의 탈 것들이 아이들의 호기심을 자극한다.

ADD Parc Monceau, 75008
OPEN 07:00~20:00

뤽상부르 정원 회전목마
Carrousel du Luxembourg

파리에서 가장 오래된 회전목마. 프랑스의 건축가 샤를 가르니에가 1879년 디자인했다.

ADD 2 Rue Auguste Comte, 75006
OPEN 10:00~18:30

몽마르트르 회전목마
Carrousel de Saint-Pierre

샤크레쾨르 성당 아래, 생피에르 광장에 있는 18세기 베네치아 스타일의 회전목마.

ADD Pl. Saint-Pierre, 75018
OPEN 10:00~19:00 / 시즌에 따라 다름

파리 시청사 회전목마
Carrousel Belle Epoque

벨 에포크 시대의 모습을 갖춘 회전목마. 크리스마스엔 모든 아이들에게 무료 탑승 기회가 주어진다.

ADD Parvis de l'Hôtel de Ville, 75004
OPEN 11:00~20:00

*오픈 시간은 모두 시즌에 따라 조금씩 다르며, 휴가나 현지 사정 등으로 장기간 운영을 중단할 때도 많다.

Manège Place Charles Michels

Jardin de la Fondation
d'Auteuil

2

아이와 함께
싱그러운 피크닉

파리의 숨은 산책 명소

Jardin des Serres
d'Auteuil | 오뙤이 식물원

파리 16구, 녹음으로 우거진 불로뉴숲 남단에 자리 잡은 프랑스식 식물원. 관광객에게는 잘 알려지지 않은 곳이라 한적하게 산책하기 좋다. 꽃으로 장식된 잔디를 중심으로 영국식 정원과 일본식 정원, 온실 등이 예쁘게 꾸며져 있으며, 5천 종 이상의 식물을 볼 수 있다.

정원의 상징은 빛바랜 초록색 파스텔톤의 온실 팔마리움Palmarium이다. 둥근 돔 구조의 입구에 들어서면 야자수와 무화과 나무, 바나나 나무 등 200여 종의 아열대 식물을 감상할 수 있다. 파리시 산하 식물원이어서 늘 깔끔하게 잘 관리되는 곳. 화창한 날 정원을 산책하는 것도 즐겁지만, 따뜻한 온실이 있다는 점 덕분에 비가 오거나 추운 날 아이와 가기에도 추천할 만한 곳이다.

Tip

근처에 대형 까르푸 매장이 있으므로 간단한 먹거리를 사 와서 피크닉을 즐겨보자.

ADD 3 Av. de la Porte d'Auteuil, 75016
OPEN 08:00~일몰(토·일요일 09:00~) / 시즌에 따라 조금씩 다르며, 4월 말~6월 말 롤랑가로스 테니스 대회 기간에는 방문이 제한될 수 있음
PRICE 무료
METRO 10호선 Porte-d'Auteuil 1번 출구에서 도보 10분
WEB www.paris.fr/equipements/jardin-des-serres-d-auteuil-1780

: pique-nique

à propos de
Jardin des Plantes

QUARTIER LATIN
라탱 지구

박물관과 동물원이 딸린 매머드급 식물원

Jardin des Plantes

| 파리 식물원

파리 5구에 자리한 아름다운 식물원. 1626년 의료용 허브를 재배하는 왕실 정원으로 만들어졌다가 1634년 일반에 공개되었고, 1793년에는 부지 안에 자연사 박물관이 세워지며 더욱 규모가 커졌다. 대형 온실을 비롯한 식물원 곳곳의 실내외에는 총 2만3천여 종의 식물이 자라고 있으며, 작은 동물원도 딸려 있다. 관광지에서 비교적 가깝고 정원 여기저기 돗자리를 펴고 앉을 수 있는 자리가 많아서 도시락을 싸 온 가족 단위 관광객이 즐겨 찾는다.

Tip

진화 갤러리 및 어린이 갤러리와 가상 현실 캐비닛이 있는 메인 건물, 광물학 및 지질학 갤러리, 식물학 갤러리, 고생물학 및 비교 해부학 갤러리 등 총 4개 건물로 구성된 자연사 박물관에도 꼭 들르자.

ADD 57 Rue Cuvier, 75005
OPEN 07:30~20:00(겨울 08:00~18:30) / 정원에 따라 조금씩 다름 / 대형 온실 화요일·1월 1일·5월 1일·12월 25일 휴무
PRICE 식물원 무료, 온실 및 갤러리 각각 7~13€(3~25세 2~3€ 할인), 2세 이하 무료 / 특별전 등에 따라 요금이 다르니 정확한 금액은 홈페이지 참고
WALK 팡테옹에서 12분
METRO 7호선 Place Monge 2번 출구 도보 5분
WEB jardindesplantesdeparis.fr

시내 한복판에서 만나는 친환경 놀이터

Ludo Jardin

| 뤼도 정원

파리에서 가장 크고 재미난 어린이 놀이터 중 하나. 1992년 뤽상부르 정원Jardin du Luxembourg 안에 지어졌고, 2019년 대대적인 수리를 거쳐 새롭게 탈바꿈했다. 편백나무로 만든 환경친화적인 놀이기구는 대형 미끄럼틀, 그네, 정글짐, 집라인, 유아 놀이터 등 다양한 연령대의 아이들이 즐길 수 있도록 구성돼 있다. 유료인 점이 아쉽지만, 그만큼 시설 관리가 잘 돼 있다. 근처 카페에서는 아이스크림과 음료를 맛보며 쉬어갈 수 있다.

Tip

놀이터에서 즐겁게 논 후에는 뤽상부르 정원을 거닐며 기념사진을 남겨보자. 튈르리 정원과 함께 파리를 대표하는 뤽상부르 정원은 프랑스식과 영국식 정원으로 나뉘어 있으며, 꽃과 나무, 106개의 조각상이 자연스럽게 조화를 이룬다.

ADD Jardin du Luxembourg, 75006
OPEN 뤽상부르 정원 개장 07:30~08:15, 폐장 16:30~21:30 (일광 시간에 따라 다름) / 뤼도 정원 10:00~뤽상부르 정원 폐장 1시간 전까지
PRICE 2~12세 3€, 어른 1€(시간제한 없음)
WALK 팡테옹 또는 생제르망데프레 성당에서 각각 12분
RER B선 Luxembourg 1번 또는 4번 출구에서 각각 도보 8분
WEB www.ludo-jardin.fr

ADD 1 Av.Prudhon, 75016
OPEN 24시간(인형극 수·토·일요일 15:30, 16:30 / 상황에 따라 다름)
PRICE 조랑말 타기 1회 3€, 3회 8€, 6회 15€, 15회 30€ / 인형극 1인 4€
WALK 마르모탕 모네 미술관에서 1분 / 트로카데로 광장에서 15분
METRO 9호선 La Muette 2번 출구에서 도보 5분
WEB paris.fr/equipements/jardin-du-ranelagh-1778

à propos de
Jardin du Ranelagh
PASSY
파시

조랑말도 타고 인형극도 보고

Jardin du Ranelagh ㅣ 하넬라그 정원

파리에서 아이랑 가기 가장 좋은 공원 중 하나. 어린 자녀가 있는 가족이 많이 거주하는 파리 16구에는 유독 쾌적한 공원과 놀이터가 많은데, 그중에서도 이곳 하넬라그 정원은 조랑말 타기 체험이나 야외 인형극 관람을 할 수 있어서 어린아이들에게 인기가 높다. 축구장 8.5개 넓이에 달할 정도로 공원 부지가 넓고 놀이터가 2개 있다는 점, 지하철역과 가깝다는 점도 장점이다. 따스한 햇볕 아래 아이들이 뛰놀 동안 잔디밭에 앉아 샌드위치를 먹거나 파란 하늘을 바라보며 행복한 피크닉 시간을 즐겨보자.

Tip

공원에서는 마리오네트 인형극이 자주 열린다. 모든 것이 디지털화되는 시대, 아이와 파리에서 아날로그적인 낭만을 느끼기에 인형극만 한 것이 없다.

: pique-nique

3

언제 가도 재미난

동물원 & 수족관

해파리 보러 갈까요?

Aquarium de Paris
| 파리 아쿠아리움

파리 시내에 있는 아쿠아리움. 1867년 파리 엑스포에 맞춰 개장되어 세계 수족관의 조상이라는 자부심을 가지고 있다. 에펠탑 바로 앞 강 건너편, 샤이요 궁전 앞 정원 지하에 있다. 1만3천여 종에 달하는 다양한 물고기와 40여 종의 상어도 볼거리지만, 특히 주목해야 할 곳은 2019년 만들어진 유럽 최대 규모의 해파리 전시관 메두사리움Médusarium이다. 15개 수조에서 유유히 헤엄치는 2천5백 마리 이상의 해파리는 지구 온난화로 증가한 해파리 개체 수를 상징적으로 보여주는 것으로, 기후 위기에 대한 경각심을 일깨우려는 목적에서 만들어졌다.

아쿠아리움에서는 아이들을 위한 특별 공연과 체험 이벤트도 펼쳐진다. 한국의 아쿠아리움보다는 규모가 작지만, 어린아이들이 집중해서 보기에는 딱 적당한 규모다.

Tip

아이를 유모차에 태운 채로 입장이 가능하다. 주말엔 아이와 함께 온 프랑스 가족들로 매우 붐비기 때문에 평일에 방문하는 것이 좋다.

ADD 5 Avenue Albert de Mun, 75016
OPEN 10:00~19:00(토요일 야간 개장 19:00~21:00) / 입장은 폐장 1시간 전까지, 7월 14일 휴무 / 상황에 따라 오픈 시간과 휴무일이 유동적이니 방문 전 홈페이지 확인
PRICE 19.50~24.50€, 3~12세 13.50~17.50€, 2세 이하 무료
WALK 샤이요 궁전에서 1분 / 에펠탑에서 10분
METRO 6·9호선 Trocadéro 1번 출구에서 도보 5분
WEB aquariumdeparis.com

à propos de
Parc Zoologique
de Paris
BOIS de VINCENNES
뱅센숲

생물 다양성을 존중하는 21세기형 동물원
Parc Zoologique de Paris | 파리 동물원

파리의 동쪽 끝, 뱅센숲 가장자리에 있는 대형 동물원. 1934년 문을 연 후부터 파리 시민들의 꾸준한 사랑을 받아왔다. 2014년 생물 다양성을 중시하는 '21세기형 동물원'으로 새롭게 변모한 이 동물원에는 4만2천 평 규모에 유럽, 아프리카, 아마존, 마다가스카르, 파타고니아에 이르기까지 지역적 특성에 따른 5개의 존이 있으며, 2천 종 이상의 동물을 사육하고 있다. 매일 먹이 주기를 포함한 약 20가지의 무료 이벤트가 펼쳐지므로 입구에 적힌 시간표를 확인하여 참여해보자. 동물 치료실이 오픈돼 있어서 아픈 동물을 치료하는 모습도 직접 볼 수 있다. 동물원 곳곳에는 스낵바와 자판기, 벤치, 피크닉 장소 등 휴식 공간이 잘 마련돼 있는데, 기린 우리 앞 레스토랑 르 자하파 Le Zarafa에서는 기린을 보며 식사를 즐길 수도 있다. 추천 메뉴는 크로크무슈와 햄버거.

Tip
중세시대 왕실의 사냥터였던 뱅센숲은 동물원 외에도 수목원과 아쿠아리움, 뱅센 성 등 볼거리가 다양하다.

ADD Avenue Daumesnil, 75012
OPEN 봄·가을 09:30~19:30(토·일요일·공휴일·방학~19:30), 여름 09:30~20:30(7·8월 일부 기간에는 목요일 야간 개장), 겨울 10:00~17:00, 1월 휴무
PRICE 20€, 3~12세 15€, 2세 이하 무료
METRO 8호선 Porte Dorée 1번 출구에서 도보 7분
TRAM 3a선 Porte Dorée 하차 후 표지판을 따라 도보 7분
WEB parczoologiquedeparis.fr

à propos de
Ménagerie
QUARTIER LATIN
라탱 지구

작지만 알찬 동물원

Ménagerie, le Zoo du Jardin des Plantes | 파리 식물원 부속 동물원

파리 식물원 내에 있는 동물원. 1794년에 문을 열어 유럽에서 두 번째로 오래된 동물원이다. 규모는 작아도 500여 종의 다양한 동물과 조류를 한눈에 볼 수 있는 알찬 공간이다. 붉은 판다를 비롯하여 오랑우탄, 흰목 두루미, 말레이맥, 자이언트 거북이 등 멸종 위기에 처한 동물들을 볼 수 있으며, 콩콩 뛰어다니는 캥거루들은 아이들이 매우 좋아한다. 동물원 안에는 간식을 판매하는 키오스크와 피크닉 테이블이 설치돼 있다. 동물원뿐 아니라 자연사 박물관과 식물원도 모두 인근에 있으니 시간을 충분히 두고 둘러보자.

Tip

이른 아침에 방문하면 관람객이 없어서 여유롭지만, 대부분 동물이 아직 우리 안에 있기 때문에 제대로 관람하기 어렵다. 동물들이 활발하게 움직이는 모습을 보고 싶다면 너무 이른 아침은 피하자.

ADD 57 Rue Cuvier, 75005
OPEN 10:00~18:00(일요일·공휴일 ~18:30)
PRICE 13€, 2세 이하 무료
WALK 팡테옹에서 12분
METRO 7·10호선 Jessieu 1번 출구에서 도보 10분
WEB jardindesplantesdeparis.fr

: pique-nique

163

아이랑 가장 편안하게
파리를 관광하는 법

투어버스 & 유람선

4

à propos de
Big Bus
LANDMARK
랜드마크

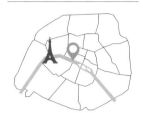

이층 버스 타고 시내 구석구석!
Big Bus | 빅버스

힘들이지 않고 편안하게 파리 시내를 둘러보고 싶다면 이층 관광버스를 이용해보자. 파리의 랜드마크인 에 펠탑과 개선문, 노트르담 대성당을 비롯하여 길게 뻗은 샹젤리제 거리와 몽마르트르까지 탁 트인 이층 버스에 앉으면 모두 다 돌아볼 수 있다. 현지인 가이드가 프랑스어와 영어로 명소들을 자세히 안내하며, 한국어가 포함된 11개국의 언어를 지원하는 오디오 가이드도 준비돼 있다. 빅버스 앱을 다운받으면 빅버스의 루트와 전용 정류장을 편리하게 확인할 수 있다. 지정한 날짜 안에 횟수 제한 없이 원하는 장소에 내려서 구경한 다음에 다시 버스를 타고 이동할 수 있는 홉온홉오프Hop On Hop Off 방식. 내리지 않고 완주한다면 소요 시간은 2시간 15분 정도다.

Tip

티켓 구매와 탑승은 모든 빅버스 정류장에서 할 수 있다. 2일권이나 유람선 통합권 등은 할 인율이 높고, 인터넷 예매 시 10% 정도 할인해 준다.

ADD 11 Av. de l'Opéra, 75001
OPEN 첫차 10:00, 막차 18:30 / 15~20분 간격 운행 / 시즌에 따라 시간과 노선이 조금씩 다름
PRICE 1일권 42€, 12세 이하 22€ / 2일권 52€, 12세 이하 25€ / 인터넷 예매 시 할인됨
TEL 01 42 61 24 64
WEB bigbustours.com/en/paris/paris-bus-tours

: pique-nique

à propos de Croisière sur la Seine

La SEINE
센강

센강에서 남기는 추억 하나

Croisière sur la Seine | 센강 유람선

해 질 무렵 파리에서 꼭 해봐야 할 일 중 하나는 센강 유람선 타기다. 에펠탑을 비롯한 파리의 아름다운 건축물과 반짝이는 야경을 가장 환상적으로 즐기는 방법이기 때문이다.

파리의 관광 유람선을 대표하는 두 회사는 바토 무슈Bateaux-Moucheus와 바토 파리지앙Bateaux-Parisiens이다. 어느 쪽이든 한국어를 포함한 여러 나라의 오디오 가이드를 들을 수 있고, 점심 또는 저녁 식사가 제공되는 프로그램을 선택할 수 있다. 그 외 추천 유람선으로는 정해진 시간 동안 원하는 선착장마다 자유롭게 승하선하며 구경할 수 있는 바토 뷔스Bateau-Bus, 가이드가 프랑스어와 영어를 번갈아 가며 프랑스의 문화유산과 문화에 관해 설명해주는 브데뜨 드 파리Vedettes de Paris 등이 있다. 특히 브데뜨 드 파리는 질문하고 대답하는 방식으로 진행한다는 점이 흥미롭다.

유람선 회사들의 선착장은 에펠탑 근처에 있다. 기본 관광 코스는 대개 센강을 따라 노트르담 대성당이 있는 시테섬을 지난 후 생루이섬을 돌아 에펠탑까지 다시 돌아오는 것이며, 소요 시간은 약 1시간이다.

바토 무슈

ADD Port de la Conférence, 75008
PRICE 15€~, 4~12세 6€~, 3세 이하 무료
WALK 파리 시립 현대미술관에서 7분
METRO 9호선 Alma-Marceau 2번 출구에서 도보 5분
WEB bateaux-mouches.fr

바토 파리지앙

ADD Port de la Bourdonnais, 75007
PRICE 18€~, 4~11세 9€~, 3세 이하 무료
WALK 에펠탑에서 5분
METRO 6호선 Bir-Hakeim 2번 출구에서 도보 12분
RER C선 Champ de Mars Tour Eiffel 1번 출구에서 도보 10분
WEB bateauxparisiens.com

바토 뷔스

PRICE 1일권 19€, 3~15세 9€, 2세 이하 무료
WALK 9개의 선착장 중 가까운 곳에서 탑승(바토 파리지앙 바로 옆에 에펠탑 선착장이 있음)
WEB batobus.com

브데뜨 드 파리

ADD Port de Suffren, 75007
PRICE 16€~, 4~11세 8€~, 3세 이하 무료
WALK 에펠탑에서 5분
METRO 6호선 Bir-Hakeim 2번 출구에서 도보 10분
RER C선 Champ de Mars Tour Eiffel 1번 출구에서 도보 7분
WEB vedettesdeparis.fr

166

Tip

에펠탑은 일몰 즈음부터 새벽 1시까지 정각마다 화려한 불을 밝힌다. 정시에 출발하여 에펠탑을 감상한 후 1시간 뒤 돌아오는 배에서 다시 한번 반짝이는 에펠탑을 보는 것이 유람선 관광 팁이다. 인터넷 예매 시 할인 이벤트를 실시하는 곳이 많다는 점도 알아두자.

5
현지인만 아는 꿀정보!
파리에서 시원한 여름나기

더위야 물렀거라~
Piscine Keller | 시립 켈레 수영장

저렴한 이용료로 하루 종일 머물 수 있는 시립 수영장. 여름에는 천장이 개방된 야외 수영장으로 변신하므로 적당히 내리쬐는 햇볕과 따뜻하게 데워진 물로 기분 좋은 시간을 보낼 수 있다. 입구에 있는 자동판매기에서는 수영복, 수영모, 튜브, 수경 등 각종 물놀이용품을 판매한다. 단, 수건은 따로 준비해야 한다. 유모차를 갖고 왔다면 입구에 맡기고 들어가면 된다. 탈의실에는 무료 중형 사물함이 있으며, 헤어드라이어 사용도 무료다. 수영복으로 갈아입은 뒤 샤워장에서 간단히 몸만 적시고 나면 수영장에 들어갈 수 있다. 풀에 들어갈 때 수영모 착용은 필수! 풀은 성인용과 어린이용 2개로, 성인용 풀은 최대 깊이 3.5m, 어린이용 풀은 최대 깊이 1.1m다. 어린이용이라고 해도 깊이가 상당하므로 유아는 부모의 도움이 필요하다.

Tip

파리에는 갖가지 스타일의 공공 수영장이 있다. 13구 센강변에 위치한 조제핀 베이커 Josephine Baker 수영장처럼 센강 위에 떠 있는 이색 수영장도 있고, 파리 외곽으로 나가면 시내보다 넓은 면적의 공공 수영장을 이용할 수 있다. 공공 수영장은 많은 세금을 낸 만큼 다양한 복지로 돌려받는 프랑스의 복지 혜택 중 하나다.

ADD 14 Rue de l'Ingénieur Robert Keller, 75015
OPEN 10:00~13:00, 14:00~22:00(토·일요일 09:00~, ~19:00)
PRICE 3.50€(10회권 28€)
WALK 자유의 여신상에서 8분 / 에펠탑에서 25분
METRO 10호선 Charles Michels 2번 출구에서 도보 5분
WEB www.paris.fr/equipements/piscine-keller-2936

: pique-nique

à propos de
Hotel Molitor

BOIS de BOULOGNE
불로뉴숲

물놀이 즐기기 제일 좋은 호텔

Hotel Molitor | 몰리또 호텔

파리에서 가장 훌륭한 수영장을 갖춘 5성급 호텔. 1929년 파리 최초의 수영장으로 문을 연 뒤 현대적인 호텔로 재탄생한 곳으로, 노란색 페인트칠을 한 아르데코 양식의 외관이 눈길을 끈다. 어린이 투숙객에게는 곰 인형을 나누어주는 등 아이들을 위한 세심한 서비스가 돋보여서 가족 여행자들이 즐겨 찾는 곳. 투숙객은 실내 수영장과 실외 수영장을 모두 무료로 이용할 수 있으며, 오리발과 어린이용 수영 도구, 수건과 선베드 등도 제공받는다. 아이들과 한바탕 신나게 물놀이를 마친 후엔 4층 루프탑 바로 이동해보자. 에펠탑과 불로뉴숲, 롤랑 가로스 경기장Stade Roland Garros을 내려다보며 맛보는 한 잔의 칵테일이 여느 때보다 달콤하게 느껴질 것이다.

124개의 객실은 모두 수영장을 향해 있으며, 감각적인 아티스트들의 작품과 빈티지 가구가 비치된 세련된 인테리어를 자랑한다. 영유아를 위한 간이침대는 디럭스 룸 기준으로 2개까지 추가할 수 있다.

Tip

호텔 근처에 대형 마트 까르푸가 있으므로 먹거리 걱정 없이 머물 수 있다. 투숙객에게 주는 검은색 팔찌는 수영장 입장권을 대신하므로 잃어버리지 말자. 스파 이용자나 투숙객이 아니라면 실내 수영장만 이용할 수 있다.

ADD 13 Rue Nungesser et Coli, 75016
OPEN 11:00~18:00 / 상황에 따라 다르니 홈페이지 참고
WALK 오뙤이 식물원에서 5분
METRO 9·10호선 Michel-Ange-Molitor 하나뿐인 출구 또는 10호선 Porte d'Auteuil 1번 출구에서 각각 10분
TEL 01 56 07 08 50
WEB molitorparis.com

à propos de
Bateaux du
Bois de Boulogne

BOIS de BOULOGNE
불로뉴숲

아이와 호수에서 보트 타기

Service des Bateaux du Bois de Boulogne | 불로뉴숲 보트 서비스

아이와 보트를 타며 예쁜 추억을 만들 수 있는 곳. 보트는 파리의 서쪽, 불로뉴숲 안에 자리 잡은 하부 호수 Lac Inférieur에서 탈 수 있다. 뉴욕 센트럴 파크의 2.5배 면적에 달하며 여의도 크기와 비슷한 불로뉴숲은 파리 서부에서 가장 큰 휴식처로, 피크닉 장소와 어린이 놀이터, 오뛰이 식물원, 레스토랑 등 가족들을 위한 다양한 즐길 거리와 편의시설이 마련돼 있다. 자연 속에서 실컷 뛰놀고 보트를 탄 다음엔 너른 잔디에 돗자리를 펴고 앉아 피크닉을 즐겨보자. 보트는 최대 4명까지 탑승할 수 있으며, 겨울철에는 운영하지 않는다.

> **Tip**
>
> 호수 가운데 큰 섬에 자리한 레스토랑 르 샬레 데
> 질Le Chalet des Iles도 아이들과 가기 좋은 브런치
> 식당 중 하나다. 레스토랑까지 가는 무료 보트는
> 호수 동쪽 중간 즈음 위치한 선착장에서 승선한다.

ADD Bois de Boulogne,75016
OPEN 12:00~18:00 / 날씨에 따라 유동적, 10월 말~3월 초 휴무
PRICE 30분 8€, 1시간 12€ / 보증금 50€ 별도
METRO 9호선 La Muette 2번 출구에서 도보 약 25분
RER C선 Avenue Henri-Martin 하차, Porte de la Muette 방향 출구에서 도보 12분
TEL 06 95 14 00 01
WEB paris-friendly.fr

: pique-nique

파리의 이웃들 1

프랑수아즈 Francoise

파리 5구에 살던 때 만난 할머니다. 팡테옹 바로
옆에 있던 우리 건물은 한 층에 두 집이 마주 보는
구조였는데, 그녀는 우리 앞집에 살았다. 여든이
넘은 나이에도 젊은 사람 못지않은 뛰어난 패션
감각에 자연스러운 흰머리가 멋진 그녀는 젊은
시절 이집트에서 미라를 발굴하던 고고학자로,
스트라스부르 Strasbourg의 한 대학에서 고고학을
가르치다 은퇴 후 파리로 이주했다. 그녀는 보통
오전에 글을 쓰거나 친구들을 초대해 담소를
나누었고(그녀가 파리에서 쓴 책은 우리나라에서 『미라』라는
제목으로 출간된 적이 있다) 오후에는 피아노를 연주했다.
당시 레아를 임신 중이었던 나는 그녀의 피아노 소리를
태교 음악 삼아 경청하곤 했다.

우리는 각자의 집에 서로를 초대하면서 친분을 쌓았다.
언젠가 내가 왜 스트라스부르를 떠나서 파리에
왔는지 물었을 때, 그녀는 "파리가 너무 재미있는
도시여서"라고 대답했다. 미술관과 공연 관람을
즐기는 자신에게 파리는 더없이 좋은 도시라면서.
레아가 태어나자 그녀는 귀여운 고양이가 그려진
유아용 그릇 세트를 선물해주었다. 지금도 레아는 그
그릇 세트를 무척 좋아한다. 낯선 타지에서 육아를
시작할 때 내게 더없이 소중한 이웃이 되어주었던
할머니. 오래도록 그때처럼 건강하게 지내시면 좋겠다.

클레흐 Claire

레아는 토요일 오전이면 프랑스인 선생님과 함께 프랑스어를 공부한다. 사실 이 시간은
공부라기보다는 놀이에 더 가깝다. 아직은 어렵기만 한 프랑스어에 레아가 좀 더 쉽고
친근하게 다가갈 수 있게 하려고 선생님이 만들어낸 아이디어다. 레아에게도 선생님과
함께 놀이 시간을 가져보면 어떨까 하고 물었더니 흔쾌히 수락했다. 평소 말하기를 정말
좋아하는 레아는 친구들에게도 하고 싶은 말이 참 많은데, 프랑스어가 자연스럽지 않아
많이 답답해했었다.

클레흐는 레아 마음에 쏙 드는 선생님이다. 젊고 예쁘고 친절한데다 레아가 좋아하는
놀이를 함께 해주니 말이다. 덕분에 레아의 프랑스어는 하루가 다르게 성장하고 있다.
레아의 친구이자, 언니이자, 선생님인 클레흐는 앞으로도 오랜 인연을 이어가고 싶은
우리의 친절한 파리지앙이다.

알렉산드라 Alexandra

첫째 레아에 이어서 둘째 이산이까지 돌봐주고 있는 선생님이다. 항상 아이 눈높이에
맞춰 아이를 이해하고 가르치는 진정한 교육자로, 레아와 이산이에게 낯선 프랑스어를
친숙하게 만들어주었다. 아이를 무척 좋아해서 자녀를 다 키우고 난 뒤로도 20년
가까이 보육교사를 해왔는데, 조만간 일을 그만두고 파리를 떠나 전원생활을 즐기며
노후를 보낼 예정이다. 그래서 올여름 바캉스가 시작되면 이산이도 알렉산드라와
아쉬운 이별을 해야 한다. 이산이는 그녀의 보육교사 생활 마지막으로 돌봐주는 아이인
덕분에 더욱 애정을 듬뿍 받고 있다. 그저 고마울 따름이다.

레아의 유치원 학부모들

레아가 다니는 유치원에 가면 세계 각지에서 온 학부모들과 만날 수 있다. 프랑스,
핀란드, 스웨덴, 스페인 등 유럽뿐 아니라, 미국이나 한국 등 정말 다양한 국적을 가진
부모들이 있다. 처음엔 그들과 어울리는 게 어색했지만, 먼저 친절하게 다가와 준 친구
부모들 덕분에 지금은 자연스럽게 서로의 생일파티에 초대하면서 교류하고 지내고
있다. 어릴 때부터 다양한 인종과 문화를 접하며 자라는 것은 아이의 생각을 넓고
유연하게 만들어줄 수 있다는 점에서 매우 좋은 일이라 생각한다.

Thème 5

: art & musée

다섯 가지 미술관 &
박물관

파리는 아이에게 커다랗고 재미난 미술관이나 다름없다. 프랑스 아이들은 미술관을
제집 드나들 듯 편하게 놀러 가며 일상 속에서 자연스레 예술과 친해진다.
좋은 장난감이나 예쁜 옷을 사주는 것도 좋지만, 언제 어디서나 누구에게든 열려 있는
미술관과 소규모 아뜰리에를 아이와 함께 둘러보는 일이야말로
돈으로 살 수 없는 소중한 경험이다.

Musée de l'Orangerie

emporaines

to the present day

파리의 색채를 담은
현대미술관

아이들도 재미난 현대미술 나들이

Centre Pompidou

| 퐁피두 센터

파리를 대표하는 현대미술관. 널찍한 내부에는 어른뿐 아니라 아이들도 쉽고 재미있게 관람하거나 체험해 볼 수 있는 작품으로 가득하고, 피카소와 칸딘스키, 마티스, 샤갈 등 유명 화가의 회화도 전시돼 있다. 아이들이 상상력을 무한대로 펼칠 수 있는 아뜰리에(워크숍) 프로그램은 0~18세까지 참여할 수 있다. 평일과 주말 그리고 나이대별로 매우 다채롭게 세분화돼 있으니 홈페이지에서 예약 후 방문해보자. 언어 대신 예술로 자신을 표현할 수 있는 아뜰리에 활동은 아이에게도 신선한 경험이 되어줄 것이다.

Tip

퐁피두 센터는 에스컬레이터를 탈 때마다 뻥 뚫린 통유리창으로 파리 시내 전망과 에펠탑을 바라보는 묘미가 있다. 최상층 카페에서는 파리의 뷰를 더욱 본격적으로 즐길 수 있다.

ADD Place Georges-Pompidou, 75004
OPEN 11:00~21:00(목요일 ~23:00), 화요일 휴무
PRICE 14€, 18~25세 11€, 17세 이하·매달 첫째 일요일 상설 전 무료 / 특별전은 전시에 따라 다름(일부 특별전 예약 필수)
WALK 파리 시청사에서 5분 / 노트르담 대성당에서 10분
METRO 11호선 Rambuteau 1번 출구에서 도보 2분
TEL 01 44 78 12 33
WEB centrepompidou.fr

: art & musée

한 발짝 더 깊이 들여다보는 현대미술
Musée d'Art Moderne de Paris | 파리 시립 현대미술관

아이와 현대미술을 만끽할 수 있는 또 하나의 보석 같은 장소. 에펠탑과 센강이 바라보이는 곳에 1937년 지어졌다. 과거부터 현재에 이르기까지 폭넓은 미술 사조를 다루는 퐁피두 센터와는 다르게 포비즘과 큐비즘을 중심으로 한 20~21세기 근현대미술에 초점을 맞추고 있다. 전시실은 연도별로 나뉘었고, 젊은 작가들의 현대미술품도 다양하게 전시돼 있다. 특히 4층에 있는 뒤피Dufy의 방을 놓치지 말 것. 1937년 파리 만국박람회를 위해 그린 엄청난 크기의 회화가 보는 이를 압도한다. 2.5층에 있는 마티스의 <댄스La Danse>도 꼭 봐야 할 작품 중 하나다.

> Tip
>
> 미술관은 고대 로마식 기둥으로 둘러싸인 테라스 카페를 중심으로 신인 작가들의 작품과 특별전을 주로 전시하는 팔레 드 도쿄Palais de Tokyo와 연결돼 있다. 미술관에서 9호선 이에나역으로 가는 길에 빼꼼히 보이는 에펠탑과 더불어 인증샷을 남기는 것도 잊지 말자.

ADD 11 Av. du Président Wilson, 75116
OPEN 10:00~18:00(목요일 ~21:30)
PRICE 상설전 기부금 5€ 권장, 특별전 7~13€
(18~26세 약 2€ 할인, 17세 이하·예술 전공 학생
무료)
WALK 샤이요 궁전에서 10분 / 에펠탑에서 12분
METRO 9호선 Iena 1번 출구에서 도보 5분
TEL 01 53 67 40 00
WEB www.mam.paris.fr

à propos de
Fondation Cartier
MONTPARNASSE
몽파르나스

품격 있는 현대미술관
Fondation Cartier Pour l'Art Contemporain
| 까르띠에 현대예술 재단

프랑스의 명품 브랜드 까르띠에가 운영하는 현대미술관. 전 세계 예술가의 작품 1,500점으로 구성된 영구 컬렉션을 비롯해 다양한 현대예술가의 회화, 조각, 비디오, 사진 등을 전시하고 있다. 1984년 베르사유 근처에 설립됐다가 1994년 파리에 있는 지금의 건물로 이전했다. 유명 예술가에만 주목하기보다는 젊은 예술가를 발굴하고 소개하는 데 중점을 둔 곳. 주말이면 6세부터 참여할 수 있는 가족 투어 프로그램이 진행되기도 한다. 매년 여러 작가와의 협업을 통해 자체 발간하는 어린이용 컬러링북은 아이들이 현대미술과 친해지도록 돕고, 창의력과 상상력을 불러일으킬 수 있게 해준다.

Tip
건물 뒤편에 있는 안뜰은 전형적인 프랑스식 정원에서 벗어나 도심 속에서 야생을 체험할 수 있도록 꾸며졌다. 우거진 나무와 풀, 들꽃, 곤충, 새를 둘러보다 보면 어디선가 토토로가 튀어나올 것만 같다.

ADD 261 Bd. Raspail, 75014
OPEN 11:00~20:00(화요일 ~22:00), 월요일 휴무
PRICE 11€, 17세 이하 무료 / 특별전은 전시에 따라 다름
WALK 몽파르나스 타워에서 20분 / 몽파르나스 묘지에서 6분
METRO 4·6호선 Raspail 2번 출구에서 도보 5분
TEL 01 42 18 56 50
WEB www.fondationcartier.com

아이들을 위한
특별한 미술관 2

à propos de
L'Atelier des
Lumières

ROQUETTE
로케트

온몸으로 느끼는 예술 작품

L'Atelier des Lumières
| 빛의 아뜰리에

거장의 예술 작품을 몽환적인 디지털 아트로 감상할 수 있는 몰입형 미디어아트 전시관. 2018년 파리 11구
의 옛 주조장 건물에 오픈한 이래, 모네, 르누아르, 샤갈, 가우디, 세잔, 클림트, 칸딘스키 등의 작품전을 열
며 매년 화제를 모으고 있다. 1천 평 규모의 전시실 내부에 140대의 비디오 프로젝터와 음향 시설을 설치
하여 바닥과 벽면, 천장에 이르기까지 작품을 투영한다. 전 세계에 흩어져 있는 수백 점의 작품을 한자리에
서 모두 감상할 수 있다는 것은 디지털 예술만의 장점. 선명한 붓 터치까지도 고스란히 느낄 수 있다. 관람
객이 예술을 배우기보다는 온몸으로 느끼기를 바라며 만들어진 공간이라서 작품의 제목이나 설명 등은 따
로 소개되지 않는다. 아이에게 예술의 아름다움과 경이로움을 오감으로 체험하게 해주기에 더할 나위 없는
곳이다.

Tip

제주도에 있는 '빛의 벙커'도 프랑스의 몰입형
미디어아트를 도입하여 만들어진 것이다.

ADD 38 Rue Saint-Maur, 75011
OPEN 10:00~18:00(금·토요일 ~22:00, 일요일 ~19:00)
PRICE 16€, 5~25세 11€, 4세 이하 무료 / 토·일요일·공휴일은
1€ 추가 / 인터넷 예매 시 2€ 할인
WALK 보쥬 광장에서 20분
METRO 3호선 Rue Sanin-Maur 2번 출구에서 도보 5분
TEL 01 80 98 46 00
WEB www.atelier-lumieres.com

: art & musée

à propos de
Le Musée en Herbe
LOUVRE & TUILERIES
루브르 & 튈르리

홀딱 빠져드는 미술 시간
Le Musée en Herbe
| 뮤제 어네흐브

아이들의 눈높이에 맞춘 재미난 아뜰리에 프로그램으로 인기가 높은 어린이 전용 미술관. 파리 중심부인 1구에 있다. 아뜰리에는 프랑스어로 진행되지만, 선생님이 어떻게 하는지 몸소 보여주므로 언어가 낯설어서 생기는 불편은 거의 없다. 붓으로 칠하고, 풀로 붙이고, 가위로 자르는 등 다양한 도구와 표현 기법을 활용한 작품을 만들 수 있으며, 어린아이가 하기 어려운 부분은 부모 중 한 명이 동반하여 도와줄 수 있다. 완성된 작품은 집으로 가져갈 수 있도록 포장해준다.

> **Tip**
>
> 미술관에 유모차는 반입할 수 없으니 아기 띠를 준비해 가자. 가져온 유모차는 입구에 맡길 수 있다. 홈페이지에 나이별로 참여할 수 있는 프로그램이 소개돼 있으니 잘 살펴보자. 예약은 필수다.

ADD 23 Rue de l'Arbre Sec, 75001
OPEN 전시실 10:00~19:00 / 아뜰리에(워크숍) 수·토·일요일·방학 기간
2.5~5세 11:00·14:00, 5~12세 15:30·17:00, 1월 1일·12월 25일 휴무
PRICE 전시실 7€, 아뜰리에 2.5~5세 20€(아이 1인+보호자 1인 전시실
+아뜰리에 30.50€), 아뜰리에 5~12세 10.50€(보호자 참여 불가, 전시
실+아뜰리에 22€) / 예약 필수
WALK 루브르 박물관의 유리 피라미드에서 7분
METRO 1·7호선 Palais Royal-Musée du Louvre 1번 출구에서 도보
7분
TEL 01 40 67 97 66
WEB museeenherbe.com

3

파리에서 아이와 꼭 가봐야 할

박물관 & 미술관

à propos de
Musée du Louvre
LOUVRE & TUILERIES
루브르 & 튈르리

세계의 보물창고
Musée du Louvre
| 루브르 박물관

프랑스가 자랑하는 세계적인 박물관. 16세기 초 프랑수아 1세가 지은 루브르 궁전 건물에 들어섰다. 총 3개로 구성된 건물에는 레오나르도 다빈치의 <모나리자>를 비롯한 회화, <밀로의 비너스>를 포함한 조각품, 이집트 유물, 고대 그리스와 로마 시대 유물, 이슬람 예술품까지 인류의 역사와 문화를 대표하는 60여만 점의 컬렉션이 소장돼 있고, 관람객은 이 중 3만5천 점을 볼 수 있다. 규모가 워낙 커서 하루 만에 다 둘러보기 어려우니 보고 싶은 작품을 미리 체크한 다음 가는 것이 효율적이다.

Tip

부모와 아이가 함께 참여할 수 있는 아뜰리에 프로그램도 매달 다양하게 열린다. 홈페이지에서 예약 후 방문하자.

ADD Rue de Rivoli, 75001
OPEN 09:00~18:00(공휴일이 아닌 수·금요일 ~21:45), 화요일·1월 1일·5월 1일· 11월 1일·12월 25일 휴무
PRICE 15€, 17세 이하·매달 첫째 일요일·7월14일·박물관의 밤 무료(현지 상황에 따라 무료 입장일은 유동적 진행), 아뜰리에는 프로그램에 따라 다름 / 시간별 입장 인원 제한으로 예약 권장, 인터넷 예매 시 2€ 추가
WALK 튈르리 정원에서 5분 / 오르세 미술관에서 12분
METRO 1호선 Palais-Royal Musée du Louvre 6번 출구에서 지하도로 도보 3분
TEL 01 40 20 50 50
WEB louvre.fr

: art & musée

à propos de
Musée d'Orsay
SAINT-GERMAIN-
des-PRÉS
생제르망데프레

인상주의 화가들을 만나러 가볼까?

Musée d'Orsay ㅣ 오르세 미술관

루브르 박물관과 함께 파리를 대표하는 미술관. 1900년 건설한 호화로운 옛 기차역을 개조하여 1986년 문을 열었다. 주로 19세기 회화와 조각품 등을 전시하며, 반 고흐, 폴 고갱, 마네, 르누아르, 모네, 세잔 등 빛과 색채를 강조하여 인물과 풍경을 아름답게 표현한 인상주의 화가들의 회화 위주로 전시돼 있어서 어린아이도 흥미롭게 관람할 수 있다.

> Tip
>
> 6~12세를 대상으로 한 아뜰리에 프로그램이 마련돼 있다. 홈페이지에서 예약만 하면 누구든지 참여할 수 있으므로 방문 전 꼼꼼하게 체크해두자. 아뜰리에 내용은 대개 특별전과 연계되어 꾸며지며, 아이들의 오감을 자극하는 재미난 활동이 많이 준비돼 있다.

ADD 1 Rue de la Légion d'Honneur, 75005
OPEN 09:30~18:00(목요일 ~21:45), 월요일·5월 1일·12월 25일 휴무
PRICE 14€(목요일 18:00 이후 10€), 17세 이하·30세 이하 예술 관련 전공 학생·매달 첫째 일요일 무료 / 인터넷 예매 시 2€ 추가
WALK 오랑주리 미술관에서 8분 / 루브르 박물관의 유리 피라미드에서 12분
METRO 12호선 Solférino 2번 출구에서 도보 3분
RER C선 Musée d'Orsay에서 Musée d'Orsay 출구로 나와 바로
TEL 01 40 49 48 14
WEB www.musee-orsay.fr

: art & musée

세계 최고의 군사박물관

Hôtel des Invalides

| 앵발리드

나폴레옹의 무덤과 시대별 군사 유물이 화려하게 전시된 군사박물관Musée de l'Armée. 파리에서 가장 많은 관광객이 다녀가는 박물관 중 하나로, 여러 채의 건물에 나누어져 있다. 알렉상드르 3세 다리 Pont Alexandre III 앞으로 드넓게 펼쳐진 푸른 잔디를 따라가다 보면 번쩍이는 황금색 돔으로 위용을 뽐내는 앵발리드를 볼 수 있다. 1905년 지어졌으며, 고대부터 제2차 세계대전에 이르기까지 사용된 50만 점 이상의 군사 유물을 소장하고 있다. 특히 중세 시대 기사의 갑옷과 투구, 검 등을 실제로 볼 수 있어서 아이들이 매우 흥미로워한다. 나폴레옹의 무덤은 돔 성당Église du Dôme의 돔 바로 아래에 안치돼 있다.

> **Tip**
>
> 군사박물관 뒤쪽 생루이데쟁발리드 성당Cathédrale Saint-Louis-des-Invalides 안에서는 높다랗게 걸린 여러 개의 깃발을 볼 수 있다. 이는 프랑스가 전쟁에서 이길 때마다 상대국의 깃발을 가지고 와서 걸어둔 것이다.

ADD 129 Rue de Grenelle, 75007
OPEN 10:00~18:00(특별전 기간 화요일 ~21:00), 매달 첫째
월요일·1월 1일·5월 1일·12월 25일 휴무
PRICE 안뜰과 정원 무료, 박물관 통합권 14€(17세 이하 무료)
WALK 오르세 미술관에서 18분 / 에펠탑에서 25분
METRO 13호선 Varenne 하나뿐인 출구 또는 8·13호선
Invalides 1번 출구에서 각각 도보 5분
RER C선 Invalides 1번 출구에서 도보 5분
WEB musee-armee.fr

à propos de
*Musee de
l'Orangerie*
LOUVRE & TUILERIES
루브르 & 튈르리

모네의 수련 연작을 보러 가자

Musee de l'Orangerie

| 오랑주리 미술관

19세기 후반에서 20세기 전반에 이르는 인상파와 후기 인상파 회화가 알차게 전시된 미술관. 1927년 튈르리 정원 안에 문을 열었으며, 루브르 박물관, 오르세 미술관과 함께 파리의 3대 박물관과 미술관 중 하나로 손꼽힌다. 규모가 크지 않아 아이도 힘들어하지 않고 둘러볼 수 있다.

이곳에서 가장 유명한 전시품은 단연 모네가 제1차 세계대전 전사자들을 애도하며 기증한 8개의 거대한 <수련> 연작이다. 자연광이 쏟아지는 타원형 전시실에서 모네의 작품을 천천히 감상한 후엔 피카소, 모딜리아니, 르누아르, 세잔, 마티스 등 친숙한 인상주의 화가들의 매혹적인 작품을 둘러보자. 기념품 숍에는 아이들을 위한 미술관 안내서나 마그넷, 엽서 등 예쁜 굿즈들이 가득하다.

> **Tip**
>
> 6세부터 참여할 수 있는 가족 아뜰리에가 있다. 요일과 특별전 등에 따라 진행하는 프로그램이 다양하므로 홈페이지에서 잘 살펴보고 예약하자.

ADD Jardin Tuileries, 75001
OPEN 09:00~18:00, 화요일·5월 1일·7
월 14일 오전·12월 25일 휴무
PRICE 12.50€, 17세 이하·매달 첫째 일
요일 무료 / 예약 필수
WALK 루브르 박물관의 유리 피라미드
에서 15분
METRO 1·8·12호선 Concorde 4번 출
구에서 도보 3분
TEL 01 44 50 43 00
WEB www.musee-orangerie.fr

à propos de
Musée Picasso Paris
Le MARAIS
르 마레

피카소와의 만남은 파리에서
Musée Picasso Paris
| 피카소 미술관

세계 각지에 있는 피카소 컬렉션 중 가장 큰 규모를 자랑하는 미술관. 회화, 조각 등 피카소가 남긴 예술품과 그가 사용한 미술도구 등 5천 점 이상의 소장품이 전시돼 있다. 1985년 마레 지구에 자리한 17세기 바로크식 저택인 오뗄 살레Hôtel Salé에 개관했으며, 5년 간의 개보수 공사를 마치고 2014년 재개관했다. 피카소가 평소 "모든 아이는 예술가"라고 말하며 아이들을 예술적 영감의 대상으로 삼았던 만큼, 이곳에는 아이들을 위한 프로그램도 요일마다 다채롭게 준비돼 있다.

Tip

지하에는 아이들이 자유롭게 펼쳐볼 수 있는 미술 서적 코너가 있다. 색다르고 기발한 책이 많아 아이들이 매우 좋아한다.

ADD 5 Rue de Thorigny, 75003
OPEN 10:30~18:00(토·일요일·공휴일 09:30~), 월요일·1월 1일·5월 1일·12월 25일 휴무
PRICE 14€, 17세 이하·매달 첫째 일요일 무료
WALK 보쥬 광장에서 7분 / 퐁피두 센터에서 12분
METRO 1호선 Saint-Paul 하나뿐인 출구에서 도보 5분
TEL 01 85 56 00 36
WEB www.museepicassoparis.fr

파리에서 흐르는 엄마의 시간

해외에서 아이를 키우면서 가끔 갖는 나만의 시간은 내게 정말
소중하다. 주아가 등원하고 나서 잠시 여유가 생길 때면 나는 주로
갤러리로 향한다. 파리에는 거리 구석구석 멋진 갤러리가 너무나
많아서 자연스레 걷게 되는데, 날씨가 좋은 날엔 하루에 만 보는
기본으로 걷는다. 상점에 들어가서 아이 쇼핑을 하고 나오듯 갤러리를
구경한 뒤에는 다음번에 가볼 갤러리를 점찍어두고 돌아오곤 한다.

페로탕Perrotin 갤러리를 비롯한 유명 갤러리가 즐비한 마레 지구는
방문할 때마다 새롭고, 한걸음 내디딜 때마다 샤갈, 피카소, 키스
해링의 멋진 작품들이 뿅 나타나는 마티뇽Matignon 거리를 걷는 것도
즐겁다. 파리 구석구석을 걸으며 잘 알려지지 않은 작고 멋진 갤러리를
발견하는 것도 소소한 기쁨이다. 문득 궁금해진 갤러리 안으로 불쑥
들어갔을 때, 바깥에서 상상하던 것과는 전혀 다른 새로운 세상이
펼쳐지는 것에 나는 매번 놀란다. 때론 한국 작가의 작품전과 마주하고
반가운 마음이 들기도 한다.

파리의 수많은 미술관 중 내가 가장 좋아하는 두 곳은
부르델 미술관Musée Bourdelle 과 로맨틱 뮤지엄Musée de la
Vie Romantique 이다. 15구 몽파르나스의 한적한 주택가에
자리한 부르델 미술관에서는 19세기 후반과 20세기 초반
프랑스를 대표하는 앙투안 부르델Antoine Bourdelle 의
조각품을 여유롭게 감상할 수 있고, 9구에 있는 로맨틱
미술관에서는 이름처럼 로맨틱한 낭만주의 회화의 세계에 푹
빠져든 뒤 아름다운 정원을 산책할 수 있다.

나의 갤러리 산책에서 떼려야 뗄 수 없는 한 가지가 있으니,
그건 바로 커피다. 갤러리를 가기 전이나 다녀온 후,
카페 랄프Ralph's 나 카페 드 플로르Café de Flore 에
잠시 들러서 커피 한잔을 시켜놓고 파리의 멋쟁이들을
구경하는 일은 오직 혼자만의 시간에만 느낄 수 있는
2.5유로짜리 행복이다.

4

직접 만져보고 느끼는
체험 박물관

à propos de
Cité des Sciences et
de l'Industrie

La VILLETTE
라 빌레트

과학이 이렇게 재미있었어?

Cité des Sciences et de l'Industrie | 과학산업박물관

유럽 최대 규모 과학박물관. 파리 19구의 라 빌레트 La Villette 다문화 공원 중심부에 자리 잡고 있으며, 옛 도축장을 현대적인 과학 센터로 설계하여 1986년 지어졌다. 총 5개 층으로 된 건물 안에는 로봇과 천체, 에너지, 수학 등 다양한 전시실은 물론이고 영화관, 도서관, 아쿠아리움까지 알차게 들어서 있다. 가장 주목할 장소는 어린이를 위한 다양한 체험 공간이다. 2~7세용 5가지 테마 공간과 5~12세용 공간으로 나누어졌으며, 미로 거울 들여다보기, 물의 흐름과 수압 느껴보기 등 아이들이 부모의 도움 없이도 스스로 만져보고 느끼며 생생하게 과학을 접할 수 있는 시설들로 꾸며졌다. 1회 입장 시 1시간 30분 동안 이용할 수 있고, 놀이가 끝나면 무료 잠수함 박물관도 둘러볼 수 있다.

Tip

기념품 숍에 진열된 연령별 어린이 서적들에 주목하자. 대부분 전시 관련 책이므로 체험 활동과 연계한 책을 고르는 재미가 있다.

ADD 30 Av. Corentin Cariou, 75019
OPEN 09:30~18:00, 월요일 휴무
PRICE 12€
METRO 7호선 Prote de la Villette 1·2번 출구에서 도보 3분
TEL 01 40 05 70 00
WEB www.cite-sciences.fr

à propos de
Grande Galerie de
l'Evolution

QUARTIER LATIN
라탱 지구

열대 우림에서 만나는 동물 친구들

Grande Galerie de l'Evolution | 진화 갤러리

파리 식물원 안에 자리한 5개의 자연사 박물관 중 아이들이 가장 좋아하는 곳이다. 총 4개 층으로 이루어져 있으며, 4층에서 내려다보면 거대한 유리 지붕 아래 박제된 대형 동물들이 줄지어 늘어선 모습이 마치 축제 행렬을 보는 듯 장관을 이룬다. 총 350마리의 포유류와 450마리의 새를 비롯하여 다양한 물고기와 파충류, 양서류 등이 전시돼 있으며, 대왕오징어와 고래 뼈 표본 등이 전시된 해양생물 전시관, 기린, 코뿔소, 하이에나, 뱀 등 아프리카와 남미에서 서식하는 동물 전시관, 멸종 위기에 처한 동물만 모아둔 전시관 등이 볼만하다. 박물관 전체를 울리는 천둥소리나 번개를 나타내는 불빛 등 음향과 영상 그리고 조명을 적절히 활용해 더욱 흥미롭게 관람할 수 있다.

> Tip
>
> 1889년 파리 엑스포에 맞춰 개관한 진화 갤러리는 철과 유리를 주재료로 사용한 보자르Beaux-Arts풍 외관도 볼거리다. 같은 시기에 지어진 오르세 미술관을 연상케 한다. 전시관 곳곳에 가죽 의자가 마련돼 있어서 아이와 쉬엄쉬엄 둘러볼 수 있다. 기념품 숍에서는 아이들이 좋아할 만한 다양한 동물 인형을 판매한다.

ADD 36 Rue Geoffroy-Saint-Hilaire, 75005
OPEN 10:00~18:00, 화요일 휴무
PRICE 10€, 3~25세 7€, 2세 이하 무료 / 예약 권장
WALK 팡테옹에서 12분
METRO 7·10호선 Jessieu 1번 출구에서 도보 7분
TEL 01 40 79 54 79
WEB jardindesplantesdeparis.fr

à propos de
Musée des Arts et
Métiers

**BONNE-NOUVELLE
& SENTIER**

본느누벨르 & 상티에

호기심 많은 어린이라면 이곳!

Musée des Arts et Métiers | 국립기술공예박물관

유럽의 과학 기술 발달사를 한눈에 살펴볼 수 있는 박물관. 1794년 설립되어 유럽에서 가장 오래된 과학 박물관으로 손꼽힌다. 최초의 컴퓨터, 최초의 비행기, 최초의 파스칼 계산기, 최초의 전화기나 천체망원경 등 19세기와 20세기에 걸쳐 우리의 삶 깊숙이 들어온 갖가지 기계와 도구를 살펴볼 수 있다. 총 3개 층으로 된 전시실은 각각 산업과학, 에너지, 교통수단, 건축 등 7개 섹션으로 구분돼 있고, 8만여 개의 도구와 1만5천 점에 달하는 회화를 소장하고 있다. 주변의 사물이나 과학에 대한 호기심이 왕성한 초등학생 이상 아이들에게 추천한다.

> Tip
>
> 입구에서 나눠주는 '오늘의 미술관Aujourd'hui au Musée' 브로슈어에 아이들을 위한 아뜰리에 시간대가 적혀 있다. 최소 4세부터 참여 가능하며, 프로그램에 따라 추가 요금이 있을 수 있다.

Le laboratoire de Lavoisier.

ADD 60 Rue Réaumur, 75003
OPEN 10:00~18:00(금요일 ~21:00), 월요일·1월
1일·5월 1일·12월 25일 휴무
PRICE 8€, 학생 5.50€, 17세 이하·매달 첫째 일요
일·금요일 18:00 이후 무료 / 특별전은 전시에 따
라 다름
WALK 퐁피두 센터에서 10분
METRO 3·11호선 Arts et Métiers 4번 출구에서
도보 1분
TEL 01 53 01 82 00
WEB www.arts-et-metiers.net

: art & musée

의외의 즐거움!
이색 박물관 5

엄마 아빠도 다 같이 즐거운 곳

Les Pavillons de Bercy – Musée des Arts Forains

| 놀이공원 박물관

19세기 카니발과 박람회장에서 실제 사용된 각종 놀이기구와 악기, 게임기 등이 전시된 개인 박물관. 직접 바퀴를 돌리면서 타야 하는 오래된 회전목마를 비롯하여 베네치아의 곤돌라, 열기구 등 아이들이 흥미로워할 이색 전시품을 볼 수 있다.

이곳을 방문하기 좋은 가장 최적의 시기는 연말 크리스마스 이벤트 기간이다. 평소에는 예약 후 1시간 30분짜리 가이드 투어 형식으로만 관람할 수 있지만, 이 기간에는 자유롭게 방문할 수 있으며, 따뜻한 실내에서 다양한 이벤트를 즐길 수 있다. 서커스장처럼 꾸며진 공간은 댄서와 함께 탭댄스 추기, 천장에 달린 긴 끈을 타고 묘기 부리기 등 즐길 거리와 볼거리로 가득해서 비싼 입장료가 아깝지 않다.

Tip

박물관 바로 옆에는 식당과 상점이 즐비한 베르시 빌라쥬Bercy Village가 있다. 파리 최대의 와인 창고를 개조한 복합 문화 공간으로 현지인이 즐겨 찾는 인기 명소다.

ADD 53 Av. des Terroirs de France, 75012
OPEN 11:00~16:00 / 시즌에 따라 다르며 정확한 시간은 홈페이지 참고(수·토·일요일·공휴일은 항상 오픈)
PRICE 18€, 4~11세 12€, 3세 이하 무료 / 예약 필수, 인터넷 예매 시 0.80€ 추가
WALK 베르시 빌라쥬에서 3분
METRO 14호선 Cour Saint-Émilion 1번 출구에서 도보 5분
TEL 01 43 40 16 22
WEB www.arts-forains.com

à propos de
Musée de la Chasse
et de la Nature

Le MARAIS
르 마레

그들만의 독특한 취미 생활 엿보기

Musée de la Chasse et de la Nature | 사냥과 자연 박물관

17세기에 지은 오뗄 게네고Hôtel de Guénégaud를 개조해 1967년 개관한 사냥 전문 박물관. 창과 칼, 올무 등과 같은 사냥 도구를 비롯한 여러 가지 사냥 관련 컬렉션을 5천 점 이상 소장하고 있다. 사냥을 즐기는 프랑스인들에게는 매우 의미 깊은 박물관으로, 이곳의 소장품은 모두 프랑스 문화부로부터 국보로 지정돼 있다. 입구에서부터 실제 숲속 사냥터로 들어온 듯 섬세하게 꾸며진 소품과 조명들로 관람객의 시선을 사로잡으며, 사슴과 곰, 호랑이 등 다양한 박제 동물을 볼 수 있는 전시관에서는 멧돼지 소리가 커다랗게 울려퍼져 어린 아이들을 깜짝 놀라게 한다.

Tip

아이들을 위한 아뜰리에 프로그램은 홈페이지에서 확인할 수 있다. 여름과 겨울 방학 기간에는 아뜰리에를 운영하지 않는다. 유모차를 가져왔다면 안내소에 맡기고 관람해야 한다.

ADD 62 Rue des Archives, 75003
OPEN 11:00~18:00(일부 수요일 ~21:30), 월요일·공휴일 휴무
PRICE 10€, 17세 이하·매달 첫째 일요일 무료 / 특별전 진행 시
2€ 추가 / 인터넷 예매 시 0.50€ 추가
WALK 피카소 미술관에서 6분 / 퐁피두 센터에서 8분
METRO 11호선 Rambuteau 4번 출구에서 도보 5분
TEL 01 53 01 92 40
WEB chassenature.org

6

역사가 살아있다!
저택 박물관

à propos de
Maison de
Victor Hugo

Le MARAIS
르 마레

프랑스 대문호의 발자취를 따라

Maison de Victor Hugo

| 빅토르 위고의 저택

세계적인 문학가 빅토르 위고가 1832년부터 1848년까지 16년간 가족과 함께 머물렀던 아파트. 마레 지구 중심부의 보쥬 광장에 자리 잡고 있다. 그는 『노틀담의 꼽추』를 출간한 직후부터 이곳에 거주하며 『레 미제라블』의 일부를 포함한 많은 작품을 집필했다. 빅토르 위고 탄생 100주년을 기념하여 1902년 설립된 유럽 최초의 문학 박물관으로, 내부에는 그의 작품에 관련된 수백 점의 회화와 조각, 원고, 판화, 캐리커처, 사진 등이 전시돼 있다. 동양 문화에 심취한 그가 직접 꾸민, 실내 장식과 오브제로 가득한 '차이니즈 살롱'도 눈여겨 볼만한 볼거리. 이밖에 그의 오른손 조각이나 그의 침실도 엿볼 수 있다. 상설전 외에 매년 두 차례의 특별전이 열린다.

Tip

저택을 다 둘러보고나면 중정에 있는 카페에 앉아 아이와 빅토르 위고에 대해 이야기해보자. 좀 더 시간이 난다면 시테섬의 노트르담 대성당과 파리 5구 팡테옹에 있는 빅토르 위고의 무덤을 방문하며 그의 발자취를 따라가보는 것도 좋겠다.

ADD 6 Pl. des Vosges, 75004
OPEN 10:00~18:00, 월요일 휴무
PRICE 무료(일부 특별전 기간은 유료)
WALK 보쥬 광장에서 바로
METRO 1·5·8호선 Bastille 8번 출구에서 7분
TEL 01 42 72 10 16
WEB maisonsvictorhugo.paris.fr

파리에서 가장 아름다운 저택

Musée Jacquemart-André | 자크마르 앙드레 박물관

프랑스 대부호 부부가 수집한 예술품으로 가득한 호화 저택. 1876년 개관한 이곳에는 은행가이자 예술품 수집가였던 에두아르 앙드레와 초상화가였던 넬리 자크마르 부부가 평생 수집한 희귀 예술품과 가구가 전시돼 있다. 보티첼리, 페루지노, 우첼로 등 이탈리아 르네상스 화가의 작품을 비롯해 프랑스와 네덜란드 등 유럽 각지에서 모은 예술품도 많이 소장돼 있다. 화려한 파티가 열렸던 응접실과 음악실, 이국적인 식물로 가득한 정원 등 베르사유 궁전의 축소판 같은 저택을 둘러보는 묘미도 만만치 않은 곳.

특별전이 있는 날이면 저택 밖까지 긴 줄이 늘어선다. 어린이용 도록을 배포하는 등 아이들도 흥미롭게 작품 감상을 할 수 있도록 배려하며, 박물관 홈페이지에서는 다른 그림 찾기나 색칠 놀이도 제공한다.

> **Tip**
>
> 관람을 마치고 나면 멋진 태피스트리와 샹들리에로 장식된 박물관 내 카페(11:45~18:00, 토요일 11:00~, 일요일 브런치 11:00~14:30, 특별전 기간 월요일 ~19:00)에도 들러보자.

ADD 158 Bd. Haussmann, 75008
OPEN 10:00~18:00(특별전 기간 월요일 ~20:30)
PRICE 12€, 학생 10€, 7~25세 7.50€. 6세 이하 무료 /
특별전 포함 시 2~3€ 추가
WALK 몽쏘 공원에서 10분 / 에투알 개선문에서 15분
METRO 9·13호선 Miromesnil 1번 출구에서 5분
TEL 01 45 62 11 59
WEB www.musee-jacquemart-andre.com

à propos de
Musée Carnavalet
Le MARAIS
르 마레

오래된 파리로의 시간 여행
Musée Carnavalet
| 카르나발레 박물관

파리의 과거와 현재를 흥미롭게 살펴볼 수 있는 무료 박물관. 1500년대 중반에 지어진 파리에서 가장 오래된 박물관으로, 대규모 리노베이션을 거쳐 2021년 재개관했다. 파리시의 역사를 보여주는 그림, 조각, 가구, 목공예, 사진 등 60만 점이 넘는 예술품이 100개가 넘는 방에 가득 전시돼 있다. 중세 시대나 프랑스 혁명기의 유물, 파리의 황금기였던 벨 에포크 시대 사용했던 카페 테이블, 프랑스의 대문호 마르셀 프루스트의 침대 등 스토리텔링을 적용한 예술품들이 여행자의 호기심을 자극한다. 에펠탑 제작 과정을 그려낸 회화 작품이나 파리의 옛 시가지를 재현한 미니어처, 19세기 파리의 상점 간판 등은 아이들도 재미있게 관람할 수 있다. 전시물의 10%가 어린이의 눈높이에 맞춰 진열돼 있으며, 작품마다 시각장애인을 위한 점자 안내가 병기돼 있다.

장미꽃이 활짝 핀 아기자기한 프랑스식 정원 테라스 카페에서 따뜻한 오후의 햇살을 만끽해보자.

ADD 23 Rue de Sévigné, 75003
OPEN 10:00~18:00, 일요일·1월 1일·5월 1일·12
월 25일 휴무
PRICE 상설전 무료, 특별전 11€ / 전시에 따라 조
금씩 다름
WALK 피카소 미술관에서 5분 / 퐁피두 센터 또는
파리 시청사에서 각각 10분
METRO 1호선 Saint-Paul 하나뿐인 출구에서 도
보 5분
TEL 01 44 59 58 58
WEB www.carnavalet.paris.fr

: art & musée

현지인처럼
즐기는

문화
시간

파리에서는 박물관과 미술관 외에도 아이와 문화를 즐길 수 있는 곳이 많다.
가끔은 북적이는 관광객 틈을 벗어나 현지인들의 문화 공간 속으로 들어가보자.

프랑스 영화관이 처음이라면
고몽 빠떼 영화관 Gaumont Pathé Beaugrenelle

파리 여행 중 하루쯤은 아이와 영화관 나들이를 해보는 게 어떨까. 영화의 도시 파
리에는 유럽의 내로라할 대형 멀티플렉스들은 물론이고, 동네마다 소규모 영화관
을 찾아보기 쉽다.
아이와 가기 좋은 영화관으로는 15구에 위치한 멀티플렉스, 고몽 빠떼 영화관이 있
다. 달콤한 팝콘 냄새로 가득한 영화관에 들어서면 알록달록한 젤리와 초콜릿 등
온갖 간식거리들이 관객들을 향해 손짓한다.

ADD 7 Rue Linois, 75015
OPEN 첫 상영 10:00~마지막 상영 22:00
PRICE 15.50€, 학생 11.50€, 13세 이하 6.40€ / 4D 또는 3D
영화는 요금 추가
WALK 자유의 여신상에서 3분 / 에펠탑에서 20분
METRO 10호선 Charles Michels 1번 출구에서 도보 5분
TEL 0892 69 66 96
WEB cinemaspathegaumont.com/cinemas/cinema-
pathe-beaugrenelle

Tip. 더빙? 자막?

자국의 언어에 자부심이 강한 프랑스에서는
많은 외국 영화를 더빙판으로 상영한다. 외국
어 그대로 나오는 영화를 보고싶다면 시간표
를 잘 살펴보자. 시간표 바로 밑에 'VO'라고
적힌 것은 프랑스어 자막이 입혀진 영화이고,
아무 표시가 없거나 'VF'라고 적힌 것은 프랑
스어로 더빙된 영화라는 뜻이다.

일요일 오후 4시의 행복

마들렌 성당 일요 음악회
Les Dimanches Musicaux de La Madeleine

웅장한 오르간 연주를 무료로 감상할 수 있는 일요 음악회. 1986년부터 시작되어 현재까지 500회 이상의 연주회가 이어지고 있다. 19세기 중반에 만들어진 이 오르간은 생상, 포레, 뒤부아 등 프랑스의 유명 음악가들이 애용했던 것이라고. 그리스 신전처럼 만들어진 마들렌 성당 안에 울려퍼지는 오르가니스트의 연주를 들으며 제단 위에 놓인 피에타를 보고 있으면 마치 영화의 한 장면 속에 들어온 듯한 기분에 빠져든다. 무료인데다 접근성도 좋아서 언제고 가볍게 들를 수 있는 곳. 예약은 따로 하지 않아도 된다. 다른 요일에도 다양한 유·무료 음악회가 수시로 열리니 관심 있다면 홈페이지를 잘 살펴보자.

ADD Place de la Madeleine, 75008
OPEN 일요일 오후 4시(홈페이지의 스케줄 참고)
WALK 콩코르드 광장 또는 튈르리 정원에서 7분
METRO 8·12·14호선 Madeleine 2번 출구에서 바로
TEL 01 44 51 69 00
WEB www.concerts-lamadeleine.com
www.eglise-lamadeleine.com/la-musique
(다른 음악회)

Tip. 마들렌 성당 주변

음악회가 끝나고 바깥으로 나오면 멋지게 펼쳐진 콩코르드 광장의 뷰를 감상할 수 있다. 방돔 광장과 튈르리 정원, 오페라 가르니에 등도 걸어서 갈만한 거리다.

227

Thème 6
: day trip

두 가지 근교 여행

파리 근교에는 파리 중심부 못지않은 수많은 볼거리가 있다. 기차를 타고
30분에서 1시간 정도만 교외로 나가면 주변은 금세 문화적 명소와
아름다운 자연으로 둘러싸인다. 아이와 함께라면 하루쯤 복잡한 시내를 벗어나
유럽 최고의 궁전인 베르사유 궁전이나 디즈니랜드 파리의 세계로 떠나보자.

하루 종일 놀아볼까?
테마파크

유럽 유일의 디즈니랜드

Disneyland Paris | 디즈니랜드 파리

프랑스는 물론, 유럽 전역에서 찾아온 관광객들로 일 년 내내 붐비는 최고의 테마파크. 파리에서 동쪽으로 32km 떨어진 근교 도시 셰시Chessy에 1992년 개장한 후, 에펠탑을 제치고 유럽 제일의 인기 명소로 등극했다. '디즈니랜드 파크'와 '월트 디즈니 스튜디오 파크'로 이루어진 2개의 테마파크가 중심이며, 그 외 쇼핑과 식사를 즐길 수 있는 디즈니 빌리지와 디즈니 호텔, 골프장 등으로 구성돼 있다.

디즈니랜드 파크는 <캐리비안의 해적>이나 <인디아나 존스>를 주제로 한 박진감 넘치는 어트랙션을 즐길 수 있는 어드벤처 랜드를 비롯한 5개 구역으로 나뉘어 있다. 이중 판타지 랜드는 디즈니 애니메이션에 자주 등장하는 유럽의 동화 속 건축물을 아름답고 정교하게 재현하여 방문객들의 시선을 사로잡는다. 월트 디즈니 스튜디오 파크에서는 디즈니와 픽사 애니메이션 캐릭터들로 꾸며진 다양한 테마존을 체험할 수 있으며, 파리를 배경으로 한 애니메이션 <라따뚜이>의 3D 어트랙션도 타볼 수 있다.

Tip

디즈니랜드 파리에는 어트랙션 외에도 디즈니 캐릭터들과의 기념 촬영, 퍼레이드 등 곳곳에 재미난 즐길 거리가 많다. 특히 해 질 무렵 시작되는 불꽃놀이를 놓치지 말 것. 디즈니랜드 파리의 하이라이트로, 일찍부터 대기하여 미리 앞자리를 확보해야 더욱 선명하고 화려한 불꽃놀이를 즐길 수 있다. 기념품 숍에서는 디즈니랜드 파리만의 한정판 기념품을 공략하자.

ADD Bd. de Parc, 77700 Coupvray
OPEN 09:30~21:00(수시로 변동되니 홈페이지 확인)
PRICE 파크 2곳 1일권 87€~, 3~11세 82€~, 2세 이하 무료 / 요일과 시즌에 따라 다름
RER A선 Marne-la-Vallée Chessy에서 도보 5분
TEL 0825 30 05 00, 01 60 30 60 53
WEB www.disneylandparis.com

à propos de
Disneyland Paris
CHESSY
(Île-de-France Zone 5)
셰시 [일드프랑스 5존]

가장 프랑스적인 여행
프랑스 왕실 유산
2

전 세계에서 제일 호화로운 궁전

Château de Versailles | 베르사유 궁전

프랑스의 절대왕정 시대를 상징하는 화려한 왕궁. 파리에서 남서쪽으로 20km 정도 떨어진 곳에 자리 잡았으며, '태양왕' 루이 14세가 아버지의 사냥 별장으로 사용되던 곳을 17년에 걸친 대대적인 증축 작업을 통해 왕궁으로 만들었다. 증축 당시 '역사상 가장 크고 화려한 궁전'을 목표로 프랑스의 건축가, 화가, 조각가, 조경가를 비롯한 수만 명의 노동자가 참여한 것으로 알려졌다.

왕궁의 가장 큰 볼거리로 손꼽히는 것은 2층에 있는 '거울의 방'이다. 벽 전체에 이어붙인 수백 장의 금 도금된 거울이 햇빛에 반짝이는 모습이 압권인 이 방에서는 황제의 즉위식이나 베르사유 조약 체결 등 프랑스 역사상 중요한 의식들이 치러졌다. 그 밖의 볼거리로는 로코코 양식의 천장으로 화려하게 꾸며진 마리 앙투아네트 여왕의 침실과 예배당, 마리 앙투아네트가 즐겨 찾은 별궁인 쁘띠 트리아농 Petit Trianon 등이 있다.

궁전 밖으로는 240만여 평에 달하는 엄청난 규모의 정원이 펼쳐진다. 자연까지 지배한다는 루이 14세의 명령하에 반듯한 세모, 네모, 동그라미 모양으로 손질된 관목들과 분수가 경탄을 자아낸다. 정원 곳곳에 군것질거리를 파는 상점과 식당이 있으므로 산책 도중 지칠 염려는 없다.

à propos de
Château de Versailles
VERSAILLES
(Île-de-France Zone 4)
베르사유 [일드프랑스 4존]

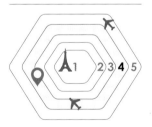

ADD Place d'Armes, 78000 Versailles
OPEN 궁전 09:00~18:30(11~3월 ~17:30), 별궁 12:00~18:30
(11~3월 ~17:30), 월요일·1월 1일·5월 1일·12월 25일 휴무 /
정원 08:00~20:30(11~3월 ~18:00) / 일부 기간 야간 개장 /
분수 쇼와 음악 정원 진행일은 홈페이지 참고
PRICE 정원 무료, 궁전 18€, 별궁 3곳 12€, 17세 이하·11~3월
매달 첫째 일요일 궁전+별궁 무료 /
분수 쇼 진행일 정원 9.50€(6~17세·학생 8€), 음악 정원 진행
일 정원 8.50€(6~17세·학생 7.50€), 5세 이하 분수 쇼·음악
정원 진행일 정원 무료 /
궁전+별궁 패스포트 20€(분수 쇼·음악 분수 진행일 27€,
궁전과 별궁 무료 입장자는 분수 쇼·음악 정원 진행일 10€) /
궁전은 예약 필수, 나머지는 예약 권장, 일부 티켓 인터넷
예매 시 1.50€ 추가
RER C선 Gare de Versailles Château Rive Gauche에서
도보 10분
TEL 01 30 83 78 00
WEB chateauversailles.fr

day trip :

파리의 이웃들 2

사라 Sahar

나의 첫 프랑스어 선생님이다. 미술을 전공한 프랑스인 어머니와 스코틀랜드인 아버지 사이에서 태어난 진정한 파리지앵이지만, 한국 문화에 워낙 관심이 많아서 나와 금세 친구가 됐다. 사라는 나와 함께 맛있는 디저트 가게를 찾아가 수다를 떨거나, 한국인 유학생들을 초대해 함께 크리스마스 파티를 열며 한국인들과 친하게 지냈는데, 그러다 결국 한국 남자와 사랑에 빠져 센강의 배 위에서 결혼식을 올리고 아기도 가졌다. 요즘엔 여느 프랑스 예비 엄마처럼 자연주의 출산법을 공부하며 태교에 전념 중. 프랑스 엄마와 한국 아빠 사이에서 과연 어떤 아기가 태어날지 무척 궁금하다.

레일라 Leila

프랑스인 어머니와 알제리인 아버지 사이에 태어난 친구다. 대학에서 한국어를 공부한 덕분에 나와 자연스레 언어를 교환하며 친해졌고, 서로 영상 통화를 주고받으며 안부를 묻고 있다. 하루는 레일라의 엄마와 함께 오페라에 있는 비빔밥 전문점에서 식사한 적이 있다. 딸의 외국인 친구와 새로운 음식 문화를 즐기는 친구의 엄마를 만나는 일은 내게도 꽤 신선한 경험이었다.

조산사의 캐비넷에서 만난 친구들

프랑스 여성들은 임신과 출산 동안 전문 조산사에게 양질의 교육과 진료를 받는다. 나 또한 주아를 임신하고 조산사에게 여러 가지 도움을 받았는데, 총 10회로 진행된 임신 출산 교육을 통해 프랑스 산모들과 교류하게 됐다. 그들 중에는 본인과 남편 및 주변 사람들에게 서프라이즈를 하고 싶어서 출산 전까지 아기의 성별을 일부러 확인하지 않은 산모도 있었고, 자연주의 방식으로 출산을 계획하는 산모도 있었다. 우리나라에서는 마취제를 맞지 않고 출산하는 일이 흔치 않지만, 프랑스에서는 자연주의 출산이 일종의 출산 트렌드라고 할 수 있다.

Tip. **여행 중 파리지앙과 의사소통하기**

갤러리에서

파리의 갤러리에는 다양한 연령대의 개성 있는 직원들이 일하고 있다. 가벼운 인사를 나누고 싶거나 작품에 대해 궁금한 것이 있다면 그들에게 슬쩍 말을 걸어보자. 작품에 대해 친절히 설명해주고, 서로의 그림 취향에 관한 이야기 등 다양한 이야기를 스스럼없이 나눌 좋은 기회가 되어준다.

거리나 상점에서

프랑스 사람에게는 흔히 쉽게 다가가기 어렵고 차갑다는 이미지가 있지만, 여행 중 기본 에티켓만 잘 지킨다면 파리지앙과도 얼마든지 친근한 의사소통을 할 수 있다. 예를 들어 상점에 들어갈 때 뒷사람이 따라 들어올 수 있도록 문을 잡아준다거나, 점원에게 인사하기, 머무는 숙소의 이웃에게 가벼운 인사를 건네는 일 등이 그것이다. 우리에게는 별거 아닌 듯 보이는 소소한 행동이지만, 그들은 당연히 여기는 기본 에티켓을 잘 지키면 얼음장 같은 파리지앙의 얼굴이 사르르 녹아내리는 모습을 볼 수 있을 것이다.

Thème 7

: au marché

세 가지 시장

파리지앙은 짚으로 만들어진 장바구니를 한 손에 들고 시장에 가서
싱싱한 로컬 식재료를 고르는 행위를 즐긴다. 클릭 한 번이면 집 앞까지 배송되는
온라인 마켓도 편리하지만, 물건을 하나하나 직접 살펴보고, 담고, 무게를 재고,
계산하는 일은 잃고 싶지 않은 일상의 작은 행복이다.

Bio c'Bon

La Grande Épicerie

| 라 그랑드 에삐스히

르 봉막셰에서 '라 그랑드 에삐스히'라는 브랜드명으로 운영 중인 식품관. '미식의 도시' 파리를 실감할 수 있는 최고의 장소로, 7구의 르 봉막셰와 이곳 16구 두 곳에 매장이 있다. 진열 상품의 규모와 양이 어마어마한데다 대부분 고급 식료품들이어서 여행 오는 지인들에게 꼭 들러보라 추천하는 곳 중 하나다. 쇼케이스를 화려하게 장식한 과자와 초콜릿, 잼 등은 기념품으로 제격이며, '버터계의 에르메스'라고 불리는 보르디에 버터Le Beurre Bordier도 이곳에서는 종류별로 만나볼 수 있다. 그 밖의 추천 먹거리로는 치즈 코너에 있는 트러플이 든 고다 치즈, 트러플 소금과 오일, 마리아쥬 프레르Mariage Frères 차 등이 있다.

Tip

프랑스 전국에서 생산되는 와인을 모두 모아둔 와인 셀러도 추천. 한국보다 저렴한 가격에 다양하고 품질 좋은 프랑스 와인을 맛볼 수 있다. 소믈리에가 상시 대기 중이므로 궁금한 게 있다면 다가가서 물어보자.

à propos de
La Grande Épicerie
PASSY
파시

파시

ADD 80 Rue de Passy, 75016
OPEN 09:00~20:30(일요일 ~12:45)
WALK 샤이요 궁전에서 15분
METRO 9호선 La Muette 2번 출구에서 도보 5분
TEL 01 44 14 38 00
WEB lagrandeepicerie.com

르 봉막셰

ADD 38 Rue de Sèvres, 75007
OPEN 08:30~21:00(일요일 10:00~20:00)
WALK 생제르망데프레 성당에서 10분
METRO 10·12호선 Sèvres-Babylone 2번 출구에서 도보 1분
TEL 01 44 39 81 00

: au marché

정감 가는 우리 동네 과일 가게

Gosselin Primeurs

| 고슬랑 프리머

싱싱한 유기농 제철 과일과 채소가 한자리에 모인 동네 과일 가게. 과일과 채소 외에도 허브, 말린 과일, 과일 주스 등 다양한 식재료를 둘러볼 수 있다. 아이와 여행 도중 상큼한 비타민을 충전하고 싶을 때 무척 반가운 곳. 참고로 파리의 동네 과일 가게에서 판매하는 과일은 대부분 일반 슈퍼마켓 제품보다 신선하고 당도도 높은 편이므로 숙소 근처에 과일 가게가 있다면 꼭 방문해보자.

à propos de
Gosselin Primeurs
PASSY
파시

ADD 40 Rue de l'Annonciation, 75016
OPEN 08:30~19:30(일요일 ~13:30)
WALK 샤이요 궁전에서 12분
METRO 6호선 Passy 하나뿐인 출구에서 도보 10분
TEL 01 42 88 20 35
WEB leshallesgosselin.fr

> ### Tip
> 한국의 사과처럼 아삭한 맛을 느끼고 싶다면 핑크레이디 Pink Lady를, 겨울에 상큼하고 깊은 맛의 귤이 먹고 싶다면 클레멍틴 Clémentine을 고르면 된다. 여름에는 유럽의 명물인 납작 복숭아 페슈 플라트 Pêche Plate와 천도복숭아 넥타린 블랑 Nectarine Blanc 이 맛있다.

실속 넘치는 냉동식품

Picard | 피캬

간편하고 맛있는 음식으로 가득한 냉동식품 전문점. 냉장고가 없던 시절인 1906년 얼음 가게로 시작하여 지금은 프랑스 전역에 900여 곳의 매장을 운영하고 있다. 프랑스 사람들이 가장 좋아하는 브랜드 중 하나로 뽑히기도 했으며, 700여 개의 자체 브랜드 상품을 판매한다. 해산물을 찾기 힘든 파리에서 대구, 고등어, 새우 등 먹기 좋게 잘 손질된 냉동 해산물을 구할 수 있다는 것도 장점이다. 여행 중 오븐이나 전자레인지에 간편하게 돌려서 먹을 수 있는 음식도 많으니 한 번쯤 들러보자. 크루아상이나 빵오쇼콜라 생지를 사서 오븐이나 에어프라이어에 구워도 촉촉하고 따끈한 프랑스 빵 맛을 그대로 즐길 수 있다.

à propos de
Picard

Le MARAIS
르 마레

ADD 48 Rue des Francs Bourgeois, 75003
OPEN 09:00~20:30(일요일 ~12:45)
WALK 피카소 미술관에서 5분 / 퐁피두 센터에서 7분
METRO 1호선 Saint-Paul 하나뿐인 출구에서 도보 7분
TEL 01 42 72 17 83
WEB magasins.picard.fr

Tip

피캬 회원 카드를 만들면 프로모션 상품을 할인받을 수 있으니 알뜰하게 사용해보자.

고향의 맛은 이곳에서!

Hi Mart | 하이 마트

다양한 한국 식료품을 판매하는 한인 슈퍼마켓. 한국인과 일본인이 많이 거주하고 치안이 좋은 15구에 자리 잡고 있다. 가격은 한국보다 다소 비싸지만, 해외에서 한식을 먹고 싶을 때 아주 고마운 곳이다. 떡이나 두부, 냉동 만두와 어묵은 물론이고 밑반찬도 판매한다. 주말에 가면 10% 할인받을 수 있고, 유통 기한이 임박한 식품들은 50%까지 할인하므로 타이밍이 좋다면 저렴한 가격에 식재료를 구매할 수 있다. 주방 시설을 갖춘 숙소에 묵는다면 적극 추천!

à propos de
Hi Mart
BEAUGRENELLE
보그르넬

ADD 71bis Rue St Charles, 75015
OPEN 10:00~20:00
WALK 자유의 여신상에서 10분 / 에펠탑에서 20분
METRO 10호선 Charles Michels 1번 출구에서 도보 5분
TEL 01 45 75 37 44
WEB acemartmall.com

Tip

그 밖의 파리의 한인 슈퍼마켓으로는 에이스 마트ACE Mart와 케이 마트K-Mart가 있다. 한인 슈퍼마켓은 대부분 관광지와 인접한 곳에 있어서 찾아가기도 쉬우니 한번쯤 방문해보자.
중국이나 동남아시아 식재료를 구하고 싶으면 탕 프레르Tang Frères로 가면 된다. 탕 프레르에서도 한국 식재료를 구할 수 있으며, 대부분 대량으로 수입해 판매하므로 가격이 저렴한 편이다. 아래 소개한 곳 외에도 시내 여러 곳에 지점이 있으니 홈페이지를 참고하자.

■ 에이스 마트
ADD 63 Rue Sainte-Anne, 75002　**OPEN** 10:00~21:00
WEB www.acemartmall.com

■ 케이 마트
ADD 4-8 Rue Sainte-Anne, 75001　**OPEN** 10:00~21:00
WEB www.online.k-mart.fr

■ 탕 프레르
ADD 48 Av. d'Ivry, 75013　**OPEN** 09:00~20:00(일요일 ~13:00), 월요일 휴무
WEB www.tang-freres.fr

아이를 위한
자연주의 마켓 2

내 아이에게 줄 음식이라면 BIO

Naturalia | 나튜할리아

파리지앙이 즐겨 찾는 유기농 Bio 전문 슈퍼마켓. 1973년 설립된 이래,
프랑스 전역에 200여 곳의 매장을 운영하며 유기농 유통 체인의 선구
자 역할을 해왔다. 모든 제품은 기계 사용을 최소화하여 소량 생산하
는 방식을 고수한다. 채소와 과일 외에도 육류와 해산물, 치즈, 빵 등
다양한 식재료를 판매하며, 견과류와 곡류 등을 원하는 양만큼 담아
서 구매할 수 있다는 게 장점이다. 유기농 분유나 기저귀, 로션, 아기
용 건강 간식 등 유아동 관련 제품도 충실히 갖춰져 있으므로 여행 중
육아용품을 구매하기 좋은 곳이다. 분유는 프랑스 아기들이 많이 먹는
'babybio'나 'Good Gout'를 추천.

Tip

100% 식물 유래 제품만을 취급하는 나튜할리아 비건 Naturalia
Vegan 매장도 파리 시내에 4곳 있다.

à propos de
Naturalia
PASSY
파시

ADD 52 Rue de Passy, 75016
OPEN 09:00~20:45
WALK 샤이요 궁전에서 15분
METRO 9호선 La Muette 2번 출구에
서 도보 5분
TEL 01 40 71 66 17
WEB magasins.naturalia.fr

: au marché

재래시장에 버금가는 신선함!

Bio c'Bon | 비오 쎄봉

나튜할리아와 더불어 프랑스를 대표하는 유기농 슈퍼마켓. 프랑스를 중심으로 벨기에, 이탈리아, 스페인 등 유럽 각지에 140곳 이상의 매장을 운영하고 있으며, 일본에도 10여 곳 이상의 매장이 있다. 신선 식품의 경우 최상의 선도 유지를 위해 48시간 이내 산지에서 매장까지 공수해온다. 치즈와 생햄, 소시지 등 가공식품의 종류도 골고루 갖춰져 있고, 견과류와 파스타를 비롯해 아침 식사용 시리얼, 말린 과일 등을 원하는 양만큼 담아 구매할 수 있어서 경제적이다. 유기농 식재료뿐 아니라 민감성 피부에 사용하기 좋은 비건 화장품, 비타민, 영양제 등 유기농 화장품과 건강기능식품도 판매한다.

à propos de
Bio c'Bon

SAINT-GERMAIN-des-PRÉS
생제르망데프레

ADD 60~62 Rue Saint-André des Arts, 75006
OPEN 09:30~20:00(일요일 ~13:00)
WALK 생제르망데프레 성당에서 6분
METRO 4·10호선 Odéon 2번 출구에서 도보 2분
TEL 01 56 81 64 74
WEB bio-c-bon.eu

유아용 간식으로 먹이기 좋은 쌀과자도 추천 상품! 파리 시내에 40여 곳의 지점이 있으니 가까운 곳으로 찾아가자.

파리지앙의 삶이 숨쉬는
재래시장

3

마레 지구의 오래된 시장

Marché des Enfants-Rouges | 앙팡후즈 시장

1615년부터 시작된 파리에서 가장 오래된 재래시장. 16~18세기 이 근처에 있던 보육원 아이들이 빨간 유니폼을 입었던 데서 유래하여 '빨간 아이들'이라는 이름으로 불렸다. 과일과 채소, 치즈, 고기, 꽃을 판매하는 상점과 여러 가지 장르의 음식을 맛볼 수 있는 식당 등 20여 상점이 입점해 있다.

Tip

추천 식당은 할아버지가 운영하는 샌드위치 가게 셰 잘란 미암 미암 Chez Alain Miam Miam(수·일요일 09:00~15:00, 상황에 따라 유동적)이다. 인기가 많아지자 근처에 2호점(26 Rue Charlot, 09:00~15:00, 월·화요일 휴무)도 오픈했다.

à propos de
Marché des
Enfants-Rouges
Le MARAIS
르 마레

ADD 37 Rue Charlot, 75003
OPEN 08:30~19:30(일요일 ~14:00) / 상점마다 다름
WALK 피카소 미술관에서 7분
METRO 8호선 Filles du Calvaire 1번 출구 또는 Saint-Sébastien-Froissart 1번 출구에서 각각 도보 7분

괜찮은 와인 한 병 골라볼까?

Marché Président Wilson

| 프헤지덩 윌슨 시장

파리에서 가장 큰 야외 시장. 미국의 28대 대통령 토마스 우드로 윌슨의 이름을 딴 프헤지덩 윌슨 거리에서 매주 수요일과 토요일마다 열린다. 가성비 높은 식사용 빵과 테이블 와인을 구매할 수 있으며, 식재료뿐 아니라 의류와 각종 생활 잡화도 판매한다. 시장 근처에 팔레 드 도쿄, 팔레 갈리에라, 파리 시립 현대미술관 등 명소가 많으므로 함께 들러볼 만하다.

à propos de
Marché
Président Wilson
CHAILLOT
샤이요

ADD Avenue du Président Wilson, 75116
OPEN 수요일 07:00~13:30, 토요일 07:00~14:30
WALK 파리 시립 현대미술관에서 1분
METRO 9호선 Iéna 1번 출구에서 바로

유기농 시장에 구경 가자

Marché Raspail
ㅣ 하스파이 시장

르 봉막세 백화점 근처 대로변에 열리는 야외 시장. 화요일과 금요일
에는 싱싱한 채소와 과일, 고기 등을 판매하는 일반적인 전통 시장이
열리고, 일요일에는 파리에서 제일 큰 유기농 시장이 열린다. 스콘과
머핀, 파스타, 모차렐라 치즈 등 아침 식사로 맛있게 먹을 만한 음식들
이 눈에 띈다.

à propos de
Marché Raspail
SAINT-GERMAIN-des-PRÉS
생제르망데프레

ADD 73 Bd. Raspail, 75006
OPEN 전통 시장 화·금요일 오전, 유기
농 시장 일요일 09:00~13:30
WALK 르 봉막셰 또는 뤽상부르 정원
북쪽 출구에서 각각 7분
METRO 12호선 Rennes 2번 출구에서
바로

파리에서 장보기

'오늘은 우리 아이에게 뭘 해 먹일까?'
파리 엄마들도 장을 볼 때마다 한국 엄마들과 똑같은 고민에
빠진다. 한 가지 다른 점이 있다면 온라인 마켓을 이용하기보다는
재래시장이나 슈퍼마켓에 가서 직접 장을 보는 것에 더 익숙하다는
것. 이는 아마도 프랑스의 온라인 배송 시스템이 우리나라만큼
빠르지 않기 때문이기도 하고, 프랑스 사람들이 아직 온라인 주문에
익숙하지 않은 탓이 클 것이다. 이 때문에 파리에서는 언제든
식료품이 한가득 든 장바구니를 손에 들고 종종걸음으로 집에
돌아가는 파리지앙을 쉽게 만나볼 수 있다.

우리도 아이들을 위한 간식이나 식재료를 살 땐 어김없이 장바구니를
들고 밖으로 나온다. 가장 자주 사는 품목은 아이들이 즐겨 먹는
과일류다. 블루베리, 산딸기, 석류, 사과 같은 과일을 이틀에 한
번씩 사서 냉장고 가득 채워 넣어둔다. 싱싱하고 다양한 제철 과일을
빠르고 손쉽게 사고 싶을 땐 동네 과일 가게 만한 곳이 없고, 조금
더 고품질에 당도가 확실히 보장된 과일이 먹고 싶을 땐 르 봉막셰
백화점에서 운영하는 라 그랑드 에삐스히에 가서 사기도 한다.
이곳에는 맛 좋은 과일뿐 아니라 훌륭한 품질의 올리브유나 허브,
소금 등 장바구니를 채우고 싶은 식재료들이 풍성하다.

생수는 저가 제품을 많이 판매하는 슈퍼마켓 체인인 앙떼흐막셰 Intermarché에서 사고, 고기는 주로 소분하여 판매하는 모노프리에서, 생리대는 나튜할리아나 비오 쎄봉 등의 유기농 숍에서 산다. 이처럼 여러 곳에서 장을 보다 보니 한번 외출하면 시간이 후딱 지나가기 마련이지만, 발품을 팔아가며 장을 보는 재미가 쏠쏠하다.

가끔은 대형 마트인 까르푸에서 장을 볼 때도 있다. 까르푸에서 고기를 살 때면 '라벨 흐즈 Label Rouge'라는 국가 인증 마크가 붙어 있는 것으로 고른다. 이 마크는 방목형 사육으로 생산된 최고급 육류를 의미한다. 프랑스에서 판매하는 채소 종류는 한국과 크게 다르지 않으므로 브로콜리, 당근, 시금치, 호박 등을 주로 산다.

우리 아이들은 파리에서 태어나 이곳에서 죽 살고 있는데도 전형적인 한국인의 입맛을 가졌다. 그래서 한식을 찾는 아이들을 위해 주말에는 한인 슈퍼마켓에 가서 장을 봐오기도 한다. 요리 솜씨가 그리 뛰어난 편은 아니지만, 조금이라도 더 건강하고 맛있는 먹거리를 많이 먹이고 싶은 부모 마음에 오늘도 파리의 두 엄마는 파리의 시장 여기저기를 분주히 돌아다닌다.

à propos de
PARIS

파리의 재미난 이벤트 정보는 어디서 구할까?
여행 도중 아이가 갑자기 아프면 어떻게 할까?
숙소는 어디를 골라야 할까?
어린아이를 데리고 미슐랭 레스토랑에 가도 괜찮을까?
파리에 살면서 직접 경험해보지 않으면 알기 어려운
갖가지 유용한 여행 정보들을 소개한다.

à propos de
FESTIVAL
파리의 축제

파리를 사랑한 작가 어니스트 헤밍웨이가 이야기했듯
파리는 '날마다 축제'다.
일 년 내내 아름다운 센강을 따라
문화와 예술이 넘쳐흐르는 파리에서,
평생 잊지 못할 소중한 축제의 순간을 만끽해보자.

매달 첫째 일요일
박물관 & 미술관 무료입장의 날

파리의 주요 박물관과 미술관은 매달 첫째 일요일
마다 입장료가 무료다. 짧은 시간 안에 많은 예술품
을 보고 싶은 여행자들에게는 매우 반가운 이벤트
다. 다만 성수기의 경우 야간 입장만 무료로 가능하
다든지, 비수기(10월 또는 11월~3월)에 한해 무료입장
을 실시하는 등 명소마다 일정이 조금씩 다를 수 있
으니 각 홈페이지를 참고하자. 예약은 필수다.

6월 21일
음악의 날 Fête de la Musique

일 년 중 밤이 가장 짧은 하짓날에 열리는 뮤직 페스
티벌. 주요 광장과 공원을 포함한 도시 전체가 야외
무대로 변신하며, 아마추어부터 프로까지 다양한 장
르의 뮤지션이 총출동한다. 늦은 밤까지 진행되는
공연 관람은 뜨거운 파리의 여름밤을 즐길 수 있는
절호의 기회다.

7월 중순~8월 중순
파리 쁠라쥬 Paris Plage

도심 한복판에서 무료로 바캉스를 즐길 수 있는 이
벤트. 센강 주변에 파라솔과 야외용 데크 의자, 모래
사장, 수영장 등을 설치하여 해변의 바캉스 분위기
를 한껏 돋운다. 야외 도서관이나 게임장, 각종 먹거
리를 판매하는 노점도 들어선다.

9월 셋째 주말
문화유산의 날 Journées du Patrimoine

엘리제 궁이나 국회, 소르본 대학 등 평소 일반인의
방문이 제한된 역사적인 명소들을 무료로 입장할 수
있는 유일한 날. 파리뿐만 아니라 유럽 전역에서 이
루어지는 행사다.

10월 첫째 토요일
백야 축제 La Nuit Blanche

도시 전체가 밤새도록 흥겨운 분위기에 취하는 올나
잇 아트 페스티벌. 프랑스는 물론, 세계 각국에서 온
예술가들의 공연과 콘서트가 오후 7시부터 다음 날
오전 7시까지 펼쳐진다. 이날엔 주요 미술관들도 야
간 개장을 하는데, 오랑주리 미술관 내 모네의 <수
련> 연작이 있는 전시실에서 열리는 현악사중주 콘
서트도 놓칠 수 없는 즐길 거리 중 하나다.

11월 말~1월 초
겨울 스케이트장 & 크리스마스 마켓

겨울에 파리를 방문한다면 파리 시청사 Hôtel de Ville
와 그랑 팔레 Grand Palais, 에펠탑 앞 샹 드 막스 Champs
de Mars 광장에 세워지는 스케이트장에서 스케이트
를 타 보자. 연말에는 에펠탑 앞을 비롯한 파리 시내
곳곳에서 프랑스 각 지방의 겨울 음식을 맛볼 수 있
는 크리스마스 마켓 Marché de Noël이 열린다.

à propos de PARIS

à propos de
PHARMACIE
파리의 약국

해외여행 도중 갑작스레 아이가 아플 때만큼
당황스러운 일도 없다. 가지고 온 상비약으로 해결이
안 될 때는 지체 말고 파리의 약국 문을 두드리자.
프랑스에서는 의사의 처방 없이도 웬만한 약은
다 구매할 수 있고, 우리나라에서도 판매해 익숙한 약도
많다. 물론 약사와 상담 후 복용할 것.

• 감기 •

Doliprane ㅣ 돌리프한
프랑스인이 가장 많이 복용하는 해열제. 타이레놀
과 같은 아세트아미노펜(파라세타몰) 계열이다. 영유
아용의 경우 시럽 형태와 좌약 형태 두 가지가 있다.
단, 소염효과는 없다.

Fervex ㅣ 페르베
콧물, 목감기, 열을 동반한 감기 몸살이 왔을 때 복
용하는 대표적인 감기약. 성인용과 어린이용(6세 이
상부터 복용 가능)이 있으며, 가루 형태이므로 물에 타
서 복용한다.

Oscillococcinum ㅣ 오씰로꼭씨넘
감기 증상이 나타날 것 같을 때 예방 차원에서 복용
하는 약. 질병의 증상과 동일한 증상을 인위적으로
유발해 자연 치유 능력을 키워주는 대체의학요법인
동종요법Homeopathie 약품이다. 어린이도 복용할 수
있지만, 알약이 너무 작아 흡입될 위험이 있으므로
물에 녹여서 먹인다.

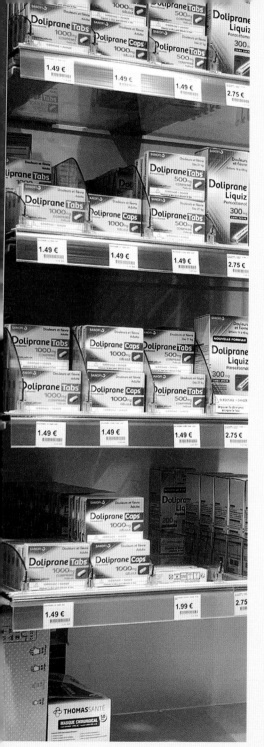

Physiomer | 피지오머

코감기에 걸렸거나 알레르기 비염 증상이 나타났을 때 사용하는 비강 스프레이. 영유아용을 위한 콧물 흡입기나 어린이용 스프레이 등 다양한 종류가 있어서 출산 준비물로 많이 구매한다. 약국에서 쉽게 구매할 수 있다.

• 발진 •

Bepanthen | 비판텐

피부 발진과 습진 등 각종 피부 질환 증상이 나타났을 때 바르는 만능 연고. 비스테로이드성 약품이므로 영유아도 부담 없이 바를 수 있다

• 화상 •

Biafine | 비아핀

프랑스 약국 어디서든 판매하는 화상 연고. 화상을 입었을 때뿐 아니라 뜨거운 햇볕에 어깨가 그을렸을 때도 바른다. 두껍게 발라서 습윤 효과를 내고 피부에 잘 흡수될 때까지 놔둔다. 화상 연고 외에 바디크림 종류도 다양하다.

• 설사 •

Tiorfan | 티오르판

갑작스러운 설사에 효과가 뛰어난 지사제. 나이와 아이의 체중에 따라 약의 종류와 용량이 조금씩 다르므로 약사와 상의하에 알맞은 약으로 복용하자. 참고로 티오르판 30mg은 몸무게가 13kg 이상 되는 아이들에게 먹인다. 원래 이름은 'Thiorphan'이나, 프랑스나 포르투갈 등에서는 'Tiorfan'으로 판매한다.

à propos de PARIS

à propos de
MAISON
숙소 고르기

파리에는 저가 호스텔부터 특급 호텔까지
매우 다양한 종류의 숙소가 있지만, 아이가 있는
가족 여행자라면 세탁과 취사가 가능하고 평수가 넓은
아파트 형태의 숙소에 머무는 것이 편리하다.
아이와 소중한 추억을 나눌 공간이니 후회하지 않도록
꼼꼼하게 따져보고 예약하자.

19세기 유럽풍 아파트에서 머물기

파리에는 지은 지 100년이 넘은 낡은 건물이 많다.
19세기 오스만 시장의 도시재정비사업 때 만들어졌
다고 하여 '오스만 양식'이라고 불리는 이 건물들은
밖에서 보면 아름답지만 생활하기에는 다소 불편한
점이 많다. 마루는 삐거덕거리는 데다 방음이 잘되
지 않아서 위 아랫집의 소음이 고스란히 들려오기도
하고, 심지어 엘리베이터가 없는 건물도 있다.
하지만 이런 불편함을 감수하고라도 오스만 양식의
아파트는 한 번쯤 숙소로 지내볼 만한 가치가 있기
도 하다. 원목마루나 대리석으로 된 고풍스러운 바
닥과 프랑스 특유의 몰딩 장식 등은 파리에서의 낭
만을 더한다.

현대식 아파트에서 머물기

만약 멋보다 실용성과 편안함을 더 추구한다면 최근에 지어진 현대식 아파트에 머무는 것이 낫다. 이런 숙소는 보통 이중 창호로 시공돼 있어서 보온이 잘되고, 소음이 적으며, 엘리베이터도 설치돼 있다. 겨울에 파리에 방문할 예정이라면 중앙난방이 설치돼 있는 곳을 선택하는 게 좋다.

Tip

아이와 함께 지낼 곳을 찾을 때 가장 중요한 것은 역시 안전이다. 파리에서 치안이 좋은 동네는 3·5·6·7·8·15·16구이며, 이 중 15구에는 한국인이 많이 거주한다.

• 아파트 예약 사이트

에어비앤비
WEB www.airbnb.co.kr

프랑스존닷컴
WEB www.francezone.com/xe/bogeum

윔두 Wimdu
WEB www.wimdu.co.kr

파리 아티튜드 Paris Attitude
WEB www.parisattitude.com

METRO
Métro Parisien

à propos de
LIVRAISON
택배 보내기

파리에서 쇼핑한 물건들이
가방에 다 들어가지 않을 때,
여행 도중 지인에게 미리 선물을 보내고 싶을 때는
파리의 택배 서비스를 이용해 보자.
생각보다 어렵지 않다.

프랑스 우체국 이용하기

파리에는 노란색 간판을 단 우체국 라 포스트 La Poste
가 곳곳에 있다. 본인이 직접 포장한 박스로도 택배
를 보낼 수 있지만, 우체국에서 판매하는 택배 전용
박스 콜리시모 Colissimo 를 이용하는 것이 여러모로
편리하다. 한국으로 택배를 보낼 때는 'Monde'라고
적힌 박스를 구매하면 된다. 박스에 적힌 무게만큼
의 내용물을 넣고 포장한 후 송장을 붙이고 접수한
다. 요금은 박스 구매 시 낸 것 외에 추가로 내지 않
는다. 단, 적힌 무게를 초과해선 안 되며, 가볍더라
도 부피가 크다면 큰 박스를 구매해야 한다. 우리나
라까지 도착하는 데 7~10일 걸리며, 한국이나 프랑
스의 공휴일이 있다면 며칠 지연될 수 있다. 배송 상
황은 홈페이지에서 조회할 수 있으며, 국내 도착 이
후에는 우리나라의 EMS 홈페이지에서도 조회가 가
능하다.

PRICE 콜리시모(박스 포함) 5kg 49€, 7kg 69€
일반 박스 0.5~20kg(박스 포함) 28.55~209.30€
WEB www.laposte.fr/colissimo

한인 택배 이용하기

한국인이 많이 거주하고 한인 식당과 마트가 모여 있는 15구 샤를 미셸Charles Michels에는 한인 택배 대리점이 있다. 한국인이 상주하고 있어서 의사소통을 걱정할 필요가 없는 곳이다. 보통 우체국 택배를 통해 일주일에 두 번 선적되어 한국으로 배송되며, 특별한 경우를 제외하면 선적 후 3~4일 뒤 배송지까지 배달된다. 택배비에 택배 박스 비용도 포함돼 있기 때문에 물건을 갖고 와서 포장한 뒤 무게에 따른 금액을 지불하면 된다. 원한다면 캐리어 채로도 보낼 수 있다. 한국 신용 카드로 결제할 경우 전체 금액의 1%가 추가된다.

프랑스 공휴일엔 문을 닫으며, 한국 공휴일엔 배송이 며칠 지연될 수 있다는 점도 기억하자.

ADD 22 Rue Ginoux, 75015
OPEN 09:00~12:00·13:30~18:00, 토·일요일 휴무
PRICE 0.5~25kg(박스 포함) 18~159€
METRO 10호선 Charles Michels 1번 출구에서 도보 5분
TEL 01 40 59 00 42
WEB www.kflnetwork.com

à propos de
RESTAURANT
아이와 식당 가기

파리의 레스토랑은 아이들에게 우호적이어서
어딜 가든 다양한 연령대의 아이들과 함께
식사를 즐기는 가족들을 볼 수 있다.
프랑스 아이들은 어릴 때부터 밥상머리 교육을
엄격하게 받기 때문에 스마트폰 없이도
긴 식사를 훌륭히 마친다.

아기용 의자나 식사 도구는 미리 챙기자

프랑스의 식당은 테이블 간격이 좁고, 한국의 식당
과는 다르게 아이들이 놀 수 있는 공간이 따로 마련
돼 있지 않다. 또한 아기용 의자가 항시 준비된 것이
아니기 때문에 예약할 때 꼭 문의를 해야 한다. 아기
용 숟가락과 포크를 주지 않는 곳이 있으므로 필요
하다면 따로 챙겨가는 것이 좋다.

메뉴는 어떤 걸 골라야 할까?

대부분의 프랑스 레스토랑은 아이들을 위한 메뉴가 따로 마련돼 있지 않다. 하지만 어느 식당이든 고기나 생선류가 있으므로 아이 입맛에 맞는 걸로 적당히 골라 먹일 수 있다. 이때 고기는 굽기 정도를 선택할 수 있다. 만약 메뉴 선택이 어렵다면 일식 전문점이나 쌀국숫집, 한식당을 추천한다.

아이와 미슐랭 레스토랑 가기

프랑스에서는 미슐랭 레스토랑에도 어린아이를 별도의 제재 없이 데리고 갈 수 있다. 다만 아기 의자는 따로 없는 경우가 많으며, 코스로 제공되는 식사 시간이 3시간 정도로 매우 길기 때문에 방문 전 미리 프랑스 레스토랑의 식사 예절을 알려주는 것이 좋다. 포크와 나이프, 스푼, 냅킨 사용법 등 긴 식사를 위한 애티튜드는 기본적으로 가르쳐준 뒤 방문하자.

Tip

프랑스 레스토랑에는 갓난아기를 유모차에 태우고 가는 것에 제약이 없다. 직원에게 요청하면 이유식도 데워준다.

à propos de
WEB & APP
유용한 여행 정보
웹사이트 & 앱

파리 여행에 도움이 되는 웹사이트와 앱은
어떤 것이 있을까? 파리에 살면서 가장 유용했던
것들만 콕콕 집어 소개해 본다

• 웹사이트 •

www.paris.fr/quefaire
파리시에서 만든 공신력 있는 관광 정보 사이트. '파
리에서 뭐 할까?'라는 사이트 이름처럼 여행자들
이 파리에서 뭘 하면 좋을지를 'Enfants(아이들)',
'Sport(운동)', 'Expos(공연)', 'Concerts(콘서트)' 등의
섹션으로 구분해 알려준다. 아이와 갈 만한 명소나
이벤트 관련 정보, 전시회 정보도 다양하게 얻을 수
있다.

paris.fr
파리 시청 공식 홈페이지. 사이트 첫 화면에서
'Actualites(뉴스)' 페이지들을 열어보면, 현재 파리
에서 일어나는 여러 가지 이벤트들을 한눈에 볼 수
있다. 현재 파리 시내에서 일어나고 있는 시위나 파
업 소식도 접할 수 있다.

sortiraparis.com

문화생활, 가족을 위한 프로그램, 새로 생긴 디저트 전문점이나 레스토랑 등 양질의 파리 여행 정보를 키워드로 검색해 볼 수 있는 사이트. 사진과 간단한 설명이 붙여져 있어서 직관적으로 알아보기 쉽다. 인스타그램 sortiraparis.officiel 을 통해서도 빠르게 최신 소식을 받아볼 수 있다.

• 앱 •

Bonjour RATP

대중교통을 이용하는 파리지앙들이 필수로 사용하는 앱. 파리 지하철 노선도 및 버스와 지하철 시간표를 확인할 수 있다. 시위나 공사 등의 이유로 수시로 늦어지는 지하철 지연 구간 정보도 알려주므로 아주 유용하며, 버스 시간표는 구글에서 제공하는 것보다 정확하다.

Uber

우버는 지하철이나 버스로 이동하기 어렵거나 여럿이서 움직일 때 유용한 교통수단이다. 앱을 깔고 카드를 등록하면 곧바로 사용할 수 있으며, 목적지까지의 예상 요금도 미리 확인할 수 있다. 목적지만 정확하게 입력한다면 별도의 의사소통이 필요 없으므로 편리하다.

Google Maps

가고 싶은 장소를 간편하게 저장해둘 수 있고, 목적지까지 걸리는 시간과 이용 가능한 교통수단 등을 자세히 알 수 있다. 가게 영업시간과 이용자 후기도 함께 볼 수 있어서 더욱 유용하다.

다양한 날씨 앱

파리의 여름은 기온이 40℃에 육박할 정도로 뜨겁다가도 그늘은 선선하고, 겨울은 습도가 높고 비가 자주 내려서 뼛속까지 시리도록 춥다. 이처럼 날씨가 변화무쌍한 탓에 파리에서 날씨 앱은 매일 아침 저녁으로 확인해야 하는 필수 앱이다.

index

Petit Paris

쁘띠 파리